普通高等教育"十一五"国家级规划教材

新坐标大学本科电子信息类专业系列教材

微型计算机原理与接口技术实验指导

邹逢兴　滕秀梅　徐晓红　编

清华大学出版社
北京

内 容 简 介

本书是《微型计算机原理与接口技术》(清华版,邹逢兴主编)一书的配套实验指导书。

根据教育部"教指委"关于微机原理与接口类课程对实验教学的要求,以及国内高校实践性教学环节改革的现状和趋势,本书将实验分为"推荐的基本实验"和"推荐的扩展实验"两大类,共设计了 31 个典型实验。其中,基本实验 15 个,以满足教学基本要求为目的,且每个实验都提出了类型大同小异、工作量及难度大体相当的任务 A 和任务 B,前者给出实验的硬件、软件参考方案,后者只给出实验原理提示和设计思路提示;扩展实验 16 个,旨在满足课程设计、课外创新实践等课内外综合性、研究探索性实践活动的选题需要。

本书可作为普通高等学校工科微机原理类课程实验和课程设计的指导书,也可作为大学生开展课外电子设计、科技创新实践活动的参考书。

图书在版编目(CIP)数据

微型计算机原理与接口技术实验指导/邹逢兴,滕秀梅,徐晓红编.—北京:清华大学出版社,2009.1

(新坐标大学本科电子信息类专业系列教材)

ISBN 978-7-302-19130-8

Ⅰ. 微… Ⅱ. ①邹… ②滕… ③徐… Ⅲ. ①微型计算机—理论—实验—高等学校—教学参考资料 ②微型计算机—接口—实验—高等学校—教学参考资料 Ⅳ. TP36-33

中国版本图书馆 CIP 数据核字(2008)第 202221 号

责任编辑:王一玲 陈志辉
责任校对:焦丽丽
责任印制:李红英
出版发行:清华大学出版社   地   址:北京清华大学学研大厦 A 座
          http://www.tup.com.cn   邮   编:100084
社 总 机:010-62770175   邮   购:010-62786544
投稿与读者服务:010-62776969,c-service@tup.tsinghua.edu.cn
质 量 反 馈:010-62772015,zhiliang@tup.tsinghua.edu.cn
印 装 者:北京市清华园胶印厂
经   销:全国新华书店
开   本:185×260 印 张:10.5 字 数:256 千字
版   次:2009 年 1 月第 1 版   印   次:2009 年 1 月第 1 次印刷
印   数:1~3000
定   价:19.00 元

编委会名单

顾问（按姓氏音节顺序）：
李衍达　　　清华大学信息科学技术学院
邬贺铨　　　中国工程院
姚建铨　　　天津大学激光与光电子研究所

主任：
董在望　　　清华大学电子工程系

编委会委员（按姓氏音节顺序）：
鲍长春　　　北京工业大学电子信息与控制工程学院
陈　怡　　　东南大学高教所
戴瑜兴　　　湖南大学电气与信息工程学院
方达伟　　　中国计量学院信息工程学院
甘良才　　　武汉大学电子信息学院通信工程系
郭树旭　　　吉林大学电子科学与工程学院
胡学钢　　　合肥工业大学计算机与信息学院
金伟其　　　北京理工大学信息科技学院光电工程系
孔　力　　　华中科技大学控制系
刘振安　　　中国科学技术大学自动化系
陆大绘　　　清华大学电子工程系
马建国　　　西南科技大学信息与控制工程学院
彭启琮　　　成都电子科技大学通信与信息工程学院
仇佩亮　　　浙江大学信电系
沈伯弘　　　北京大学电子学系

童家榕　　　复旦大学信息科学与技术学院微电子研究院
汪一鸣（女）　苏州大学电子信息学院
王福源　　　郑州大学信息工程学院
王华奎　　　太原理工大学信息与通信工程系
王　瑶（女）　美国纽约 Polytechnic 大学
王毓银　　　北京联合大学
王子华　　　上海大学通信学院
吴建华　　　南昌大学电子信息工程学院
徐金平　　　东南大学无线电系
阎鸿森　　　西安交通大学电子与信息工程学院
袁占亭　　　甘肃工业大学
乐光新　　　北京邮电大学电信工程学院
翟建设　　　解放军理工大学气象学院 4 系
赵圣之　　　山东大学信息科学与工程学院
张邦宁　　　解放军理工大学通信工程学院无线通信系
张宏科　　　北京交通大学电子信息工程学院
张　泽　　　内蒙古大学自动化系
郑宝玉　　　南京邮电学院
郑继禹　　　桂林电子工业学院二系
周　杰　　　清华大学自动化系
朱茂镒　　　北京信息工程学院

新坐标大学本科电子信息类专业系列教材

序言

　　"新坐标大学本科电子信息类专业系列教材"是清华大学出版社"新坐标高等理工教材与教学资源体系创新与服务计划"的一个重要项目。进入 21 世纪以来,信息技术和产业迅速发展,加速了技术进步和市场的拓展,对人才的需求出现了层次化和多样化的变化,这个变化必然反映到高等学校的定位和教学要求中,也必然反映到对适用教材的需求。本项目是针对这种需求,为培养层次化和多样化的电子信息类人才提供系列教材。

　　"新坐标大学本科电子信息类专业系列教材"面向全国教学研究型和教学主导型普通高等学校电子信息类专业的本科教学,覆盖专业基础课和专业课,体现培养知识面宽、知识结构新、适应性强、动手能力强的人才的需要。编写的基本指导思想可概括为:

　　1. 教材的类型、选题和大纲的确定尽可能符合教学需要,以提高适用性。教材类型初步确定为专业基础课和专业课,专业基础课拟按电子信息大类编写,以体现宽口径;专业课包括本专业和非本专业两种,以利于兼顾专业能力的培养与扩展知识面的需要。选题首先从目前没有或虽有但不符合教学要求的教材开始,逐步扩大。

　　2. 重视基础知识和基础知识的提炼与更新,反映技术发展的现状和趋势,让学生既有扎实的基础,又了解科学技术发展的现状。

　　3. 重视工程性内容的引入,理论和实际相结合,培养学生的工程概念和能力。工程教育是多方面的,从教材的角度,要充分利用计算机的普及和多媒体手段的发展,为学生建立工程概念、进行工程实验和设计训练提供条件。

　　4. 将分析和设计工具与教材内容有机结合,培养学生使用工具的能力。

　　5. 教材的结构上要符合学生的认识规律,由浅入深,由特殊到一般。叙述上要易读易懂,适合自学。配合教材出版多种形式的教学辅助资料,包括教师手册、学生手册、习题集和习题解答、电子课件等。

　　本系列教材已经陆续出版了,希望能被更多的教师和学生使用,并热忱地期望将使用中发现的问题和改进的建议告诉我们,通过作者和读者之间的互动,必然会形成一批精品教材,为我国的高等教育作出贡献。欢迎对编委会的工作提出宝贵意见。

"新坐标大学本科电子信息类专业系列教材"编委会

前言

　　本书是清华大学出版社 2007 年 12 月出版的"十一五"国家级规划教材《微型计算机原理与接口技术》(邹逢兴主编)的配套实验指导书。

　　"微型计算机原理与接口技术"课程的实践性很强,有关基础知识、基本原理和基本方法技能仅靠课堂教学是很难深刻理解的,必须通过大量的上机实践和动手实验,才能加深理解、较好掌握。因此,实验教学是该课程教学的重要组成部分,它和课堂教学紧密配合、互为补充,才能达到课程教学的基本目的和要求。

　　根据微机原理与接口类课程(也叫计算机硬件技术基础类课程)对实验教学的要求,以及国内高校实践性教学环节改革的现状和发展趋势,本书将实验分为"基本实验"和"扩展实验"两大类向用户推荐。前者以帮助学生理解、掌握和灵活应用微机原理与接口的基本知识,培养基本技能和分析设计能力,达到教学基本要求为目的,包括 15 个典型的基本实验,可满足绝大多数学校对相关课程课内实验的选题需要;后者包括 16 个典型的扩展实验,相对于前者,其综合性、研究探索性较强,因而复杂性较高,难度较大,可满足指导学生开展课程设计和课外创新实践活动的需要,或者满足部分学校在更宽的范围内选择课内实验题目的需要。无论基本实验还是扩展实验,除个别属原理验证、功能认知性为主实验外,基本上都是设计性实验,完全可适应设计性、创新性、开放性实验改革的需要。

　　本实验指导书可适用于各类学校不同教学要求的微机原理和接口技术课程。教师需根据具体的教学要求选择不同的内容组合:基本实验分为类型大同小异、工作量及难度大体相当的任务 A 和任务 B,任务 A 中给出实验原理和实验的软硬件参考方案,任务 B 中只给出原理提示和设计思路启发;扩展实验一律只给出原理提示和设计思路启发,由实验者自主完成实验方案的设计。这样教师可为不同层次的学生选择不同的题目及要求开展实验教学。

　　本书和主教材及配套出版的教学辅导书、多媒体 CAI 课件等一起,构成"微型计算机原理与接口技术"课程的立体化教材体系,旨在对采用《微型计算机原理与接口技术》一书作为主教材的教师和学生提供全方位的教学支持。当然,对于其他读者,本书同样是一本适用性很强的教学参考书,亦可作为考研辅导书。

本书由邹逢兴主编,并负责统稿;滕秀梅主笔编写,徐晓红参编。教学组陈立刚、李春、史美萍、李治斌、薛小波、李红、罗兵等同仁和部分研究生参加了实验方案的设计验证工作,在此一并致谢!

由于编者水平有限,错误在所难免,欢迎读者批指正。

邹逢兴

2008 年 7 月于国防科技大学

目录

第1部分

本课程实验须知

完成微机原理与接口技术的实验,需有必要的硬件、软件支撑条件。一般说来,必备条件应该具有一台装有 DOS 或 Windows 的 386 以上 PC 系列微机、一个微机硬件实验平台和一组进行汇编语言程序设计所需的工具软件。其中工具软件包括编辑程序、汇编程序、连接程序和调试程序等。早先,这几种工具软件一般是分别提供和选用的,如编辑程序 EDIT、TC,汇编程序 ASM、MASM,连接程序 LINK,调试程序 DEBUG 等,它们适合于在 DOS 环境下使用。近年来,多使用基于 Windows 环境的集程序编辑、编译、连接、调试于一体的未来汇编(FASM)作为汇编语言程序开发软件。目前常用的微机硬件实验平台有清华大学同方集团教学仪器设备公司生产的 TPC-H 通用微机接口实验系统,以及北京地杰凌云科技发展有限公司生产的 DLE-II 型和 DLE-KD 型微机硬件实验平台等。

1.1 实验总目标要求

实验教学是课堂教学的补充、延伸和深化,是课程教学的重要组成部分。实验教学总的目的是,通过与课堂教学的密切配合,巩固和扩充课堂讲授的理论知识,加深对课堂教学内容的理解;训练科学实验的基本技能和工程实践的基本方法,养成严谨的科学态度和工作作风,培养应用所学理论知识独立分析、解决实际问题的能力和实际动手能力。

为了达到上述预期目的,要求学生在每个实验前都按实验的具体要求认真预习,准备实验方案;在实验过程中严格按照科学的操作方法进行实验,做好原始记录;实验结束后认真整理现场,物归原位,并按规范撰写实验报告。具体实验步骤,尽管因各个实验的目的、任务、内容和难易程度的不同而有所不同,但大体上还是应遵循以下基本方法、步骤来完成每一个实验。

（1）设计实验方案，包括实验系统总体设计方案和硬件、软件实现的详细方案（电路原理和器件引脚连线图，以及源程序清单等）。

（2）如果是研究探索性实验和综合应用性实验，由于各人的选题和设计方案差别较大，元器件的选择有很大分散性，所以实验前应向实验室提交元器件清单，以利于实验室事先做好准备。

（3）现场安装布线（如有条件，也可将实验箱或面包板或其他通用插接、焊接电路板和实验器材从实验室领回去安装布线）。

（4）确认安装布线正确无误后开机上电，进行硬件调试，观察系统有无异常。有异常时，分析、排除故障，必要时应关机查错。

（5）装入实验程序，进行软件调试。

（6）软件、硬件联调。观察和记录各预定点的电平、参数值或波形，并和理论分析结果相比较。如不符合，分析原因，排除故障。

（7）如果是测控类实验，观测、检查测控效果，调整参数、逐步改进，直至获得满意的实验结果。

（8）请实验指导教师核验实验完成情况。

（9）关机，清理现场。

（10）撰写实验报告。

通过本课程实验，在业务上应使学生达到如下要求：

（1）加深对计算机及其基本组成部分的工作原理和工作机制的理解。

（2）具有应用80x86指令系统设计和调试汇编语言程序的能力，较熟练掌握编辑程序、汇编程序、连接程序和调试程序等工具软件的使用。

（3）掌握典型接口芯片和模拟通道器件（如 ADC、DAC 等）的性能特点和正确使用方法，并初步具有应用可编程接口芯片和数字电子技术进行 I/O 接口（包括接口电路和接口驱动程序）设计的能力。

（4）初步具有综合应用微机原理和接口技术独立分析、设计和调试一般微机应用系统的能力。

（5）加深了解常用实验仪器、设备的基本工作原理，掌握正确使用方法。

（6）初步具备自行拟定实验步骤、检查和排除故障、分析和综合实验结果以及撰写实验报告的能力。

1.2　实验实施指南

判断一个实验做得好坏的依据，主要是实验结果的可靠性、可信性以及是否达到了预期的实验目的和要求。当然，在设计和完成实验的过程中，经济性也是一个重要指标，即以尽可能少的人力、财力和时间消耗来获得实验的成功，最大限度地提高实验效率。

做好一个实验的关键是，事先根据实验要求，在实验室能提供的设备器件等资源条件下,设计出合理的实验方案,并据此做好必要的实验准备。在实验过程中,按照正确的方法进行观测、记录,分析、查找和排除故障,对于提高实验效率和获得实验成功也十分重要。本节将对这两方面和撰写实验报告等问题重点加以说明。

1.2.1　重视实验方案设计

设计实验方案的根本依据,是实验目的要求和实验室所能提供的资源条件。本教程所编入的实验,其目的要求不外乎以下几点:

(1) 熟悉某种原理、机理或方法,设计相应功能的电路或(和)程序。

(2) 熟悉某种芯片的性能,掌握其应用。

(3) 熟悉系统扩充的方法,掌握扩充部件的硬件连接和软件编程。

(4) 初步掌握微机对开关量、数字量和模拟量的测量或(和)控制方法。

(5) 初步掌握组建微机测控类应用实验系统的基本方法和实验技能。

在明确目的要求的基础上,应弄清实验中将要涉及的基本原理、将要采用的方法或算法、将要测量控制的对象及其参数等。

对于只涉及微机工作原理、微机部件工作原理和存储器与 I/O 接口芯片扩展的一般性应用实验,方案设计比较简单,只需设计相应的软件,或者设计相应的硬件连接电路,或者在硬件连接电路的基础上再配以相应的驱动程序,即可完成实验。

对于测量和监控类应用实验,首先要弄清楚被测的是开关量、数字量还是模拟量。针对不同被测对象的状态或参数变化范围,测量的精度和速度要求,选用合适的传感器、A/D 转换器或者其他接口器件,以组成基本测量系统。与此同时,可能还要根据具体情况,考虑解决传感信号的放大、滤波和线性化等预处理问题,以及实验结果的处理、记录和表达等问题。

对于控制类应用实验,需要考虑的问题更多一些。除了要考虑在测量或监控类实验中的问题外,还要明确被控对象的参数及控制精度、控制周期要求,选用合适的控制执行器件,设计相应的驱动控制电路(执行器接口)和满足要求的控制算法等。

总之,在实验方案设计阶段,对实验者综合运用所学理论知识分析、解决实际问题的能力提出了较高的要求,同时对实验者也是一个深化、拓宽学习内容,充分发挥主观能动性和聪明才智的极好机会。在这个阶段,实验者对教材和有关参考文献要认真消化,对实验室实际可提供的设备、器材和时间、空间等资源条件要心中有数。只有这样,才能设计出既先进又切实可行的实验方案。否则,一个技术上很先进、水平很高的实验方案,很可能由于不具备实现条件而成为一纸空文,反而影响实验的进程和效率。

要特别说明的是,实验者在设计实验方案时,应处理好继承性与创造性的关系。根据实验目的和实验条件,本次实验系统中那些在前面实验中已被证明是成功的软件、硬件模块,可以直接继承引用。这样可集中力量去解决本实验中的主要关键问题、特殊问题,或在某些环节上作一些新的探索,以便每做一个实验都有新的提高和收获。

在实验方案设计的最后阶段,应绘制出实验系统的硬件、软件功能框图,并写出简要说明,以作为实验准备和实施的依据。实验系统的硬件功能框图不必画得很细,它不同于逻辑电路原理图,更不是安装布线图,只要能表达清各功能单元之间的联系和控制流即可。同样,实验系统的软件功能框图也只需表达清各主要程序模块之间的联系。实验方案的说明应着重于为达到实验要求而采取的主要技术措施和方法。如有可能,对于研究探索性设计实验和综合应用性实验,最好能提出多个方案设想,并对各方案的优劣利弊作出评价、说明和比较,在比较的基础上作出取舍,确定实验方案。

1.2.2　认真做好实验准备

在确定好实验方案后,即可着手具体的实验准备工作。实验准备工作一般包括以下几项内容。

1. 设计和绘制实验系统的电路原理图

在设计电路原理图时,微型计算机和传感器、执行器等可画简图,而它们之间的接口部分应画详图。对逻辑线路,应根据实际可提供的器件情况,运用逻辑化简的理论尽可能简化,力争用较少的逻辑器件实现所要求的功能,以提高系统的经济性和可靠性。另外,要注意器件的带负载能力。所用器件的实际负载量应小于手册规定的额定值,否则,会引起实验系统工作可靠性降低,甚至会损坏器件或设备。

2. 设计实验系统的安装布线图,并按图安装布线

安装布线图包括元器件在实验板上物理位置的安排、元器件间的连线和各种功能走线(如数据线、地址线、控制线和电源线等)的安排。尽管实验系统和实际应用系统相比一般功能比较简单,但仍会用到较多的芯片,芯片间的连线往往错综复杂。排列布线的好坏,将直接影响实验进行的效率和可靠性,甚至会关系到实验的成败。因此,安装布线图虽然画起来较繁,但它作为安装布线和核查的依据,对大多数实验来说是不可缺少的实验准备环节。

（1）关于器件安排

器件安排是否合理,不仅直接影响到实验系统的走线、调试以及外观,而且对系统的电气特性有一定影响。尽管器件在实验箱、面包板(或其他插接板)上的安排布局并没有固定的模式,可以因人而异,但有些共同的原则还是应该遵循的:

① 尽可能按主电路信号流向的顺序安排各级 IC 功能块的位置,一般系统输入级在左,输出级在右,中间将逻辑关系紧密的芯片尽量安置在一起。这样有利于缩短走线长度,使结构布局整齐、便于检查。当芯片较多,而板面长度有限时,则可布置成"U"字形,"U"字形的开口一般应尽量靠近系统板引出线处,以利于输入级的输入线、输出级的输出线与引出线之间的连接。

② 电阻、电容、二极管等其他辅助性电路元器件,应按级就近安置于相应 IC 芯片附近。若有发热量较大的元器件,则应注意它与 IC 芯片的间距要足够大。

③ 所有 IC 芯片的插放方向应保持一致,以利于布线和查线。一般置于使实验者芯片型号标志为正向的方向(即芯片上的方向标志——缺口或小孔的位置在左侧)。电源通常从每块面包板的最上一排插孔引入(但有多个不同电源时要注意分开),而地线则安排在最下一排插孔中。这种安排正好与大多数 IC 芯片的电源引脚在上、地线引脚在下的引

脚排列规律一致。

（2）关于布线

在布线方面，主要是尽可能避免或减少线路的噪声影响，以保证良好的电特性。所谓线路的噪声，主要包括连线间的电磁感应噪声，信号电流在杂散阻抗（线电感和分布电容）和公共阻抗（电源内阻、地线阻抗、输出阻抗）中产生的噪声，以及由于元件阻抗不匹配而产生的传输线反射的噪声。为最大限度地减小布线产生的噪声影响，布线时一般应遵循以下几项原则：

① 布线最好按顺序进行，不要随便接线，以免造成漏接。一般可先接电源线、地线和 IC 芯片的多余输入端，再按信号流向顺序依次布线。布线时走线应尽可能短，一般不要超过 30cm。

② 输入级的输入线与输出级的输出线、强电流线与弱电流线、高频线与低频线等应分开走线，相互间应隔开足够距离，以避免相互影响。脉冲信号线的平行布线长度也应尽量缩短，缩短确有困难时，可在其间插入一根两头接地的连线或采用双绞线。

③ 合理接地。为避免各级电流通过地线等效电阻时产生串扰，特别是输出级电流通过地线对输入级产生反馈干扰，以及数字电路部分电流通过地线对模拟电路产生干扰，通常采用地线割裂法使各级地线自成回路，然后再酌情采用并联或串联的点接地方式。对一般低频电路，适于采用并联一点接地方式，如图 1.1(a) 所示，这样可完全消除级与级之间通过地线产生的耦合干扰。对高频电路，则宜采用串联一点接地方式，如图 1.1(b) 所示，这样利于各级地线就近接地，缩短接地线长度，抑制寄生振荡，消除地线间的高频互感耦合干扰。对既有高频部分又有低频部分，或者工作频率在 $1\sim10\text{MHz}$ 的系统，则可采用并联和串联混合的一点接地方式，即低频部分并联一点接地，高频部分串联一点接地；或者将各单元分成若干组，组内并联一点接地，组间串联一点接地。

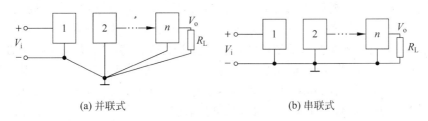

(a) 并联式　　　　　　　　　　　　　　(b) 串联式

图 1.1　一点接地方式

④ 在传输线的驱动门和接收门的电源与地线引脚间，最好就近加接 $0.01\sim0.1\mu\text{F}$ 的高频去耦电容。

⑤ 布线时最好贴紧面包板在 IC 芯片周围走线，不要悬空，更不要覆盖插孔和跨越 IC 芯片，甚至在空中无规则地搭接成网状。布线数很多时，可实行分层布线，把最不易改变走向的连线（如电源线、地线）放在最底层，数据线放在中间层，而各种控制线因最易改变走向而放在最上层。对不同类别的连线可用不同的颜色加以区分，如正电源线用红线，负电源线用蓝线，地线用黑线，数据/地址线用其他单色线，而控制线用双色线等等。布线还应尽量做到横平竖直，不随便交叉重叠。这样合理的布线使电路整齐、美观、清晰，既利于提高系统的可靠性，又便于修正电路或更换器件，当然也便于检查和排除故障。

⑥ 每当完成一个 IC 芯片或逻辑单元的布线工作后，应及时核查布线的正确性和稳定可靠性(是否接触良好)。特别要注意电源线和地线的连接是否正确，以免接通电源后烧坏器件。待全部布线任务完成后，还需按布线图逐一检查一遍(最好和别人交叉检查)。只有确认全部接线正确无误(既不漏接也不错接)且可靠，才能转入上电测试。实验者切忌急于求成而草率从事，否则可能会"欲速则不达"，甚至埋下重大隐患。

3. 绘制应用软件流程图，编写实验程序

流程图和实验程序的依据是实验方案中的软件功能框图和上述系统电路原理图，内容包括实验主程序和各种子程序、中断服务程序。如果某些程序模块在以前实验中已成功使用过，则可直接引用，如果某些功能程序块在其他文献资料中可以查到，则在消化、核验的基础上也可引用。在引用现成程序模块时，要特别注意应用的条件是否完全相符以及需要保护的寄存器内容等问题。

本课程实验要求所有实验程序均用汇编语言编写，因此进入调试前，必须先按本书1.4 节介绍的上机编程操作指南，将汇编语言源程序汇编成二进制代码的目标程序，并实现与其他相关程序的连接，形成可执行文件。

1.2.3　仔细观测实验现象，如实记录实验数据

在实验过程中，要严格按照科学的操作方法进行实验，对现象的观察、对待测点状态或波形的测量，要一丝不苟，并实事求是地做好原始记录。实验者主观上总希望能实现一次成功，但实际上由于认识上的局限性或实践经验不足、元件的性能不好等原因，在实验中一次成功的可能性不大，出现异常现象甚至错误结果有时是难免的。实验者应该把它看作是提高自己独立分析解决问题的能力和提高实验技能的好机会。出了问题应该反复细致地进行观察、测量，利用学过的理论知识，冷静地分析、判断，把异常或出错的原因找出来。要减少对实验指导教师的依赖性，提倡"多思少问"的学风。尤其要强调的是，不管实验的进展是否顺利，都应认真、实事求是地进行记录，既要记录正常时的数据或状态，更要记录异常时的数据、状态和现象，这样做不仅有利于分析、排除故障和不断总结丰富自己的实践经验，更是培养严谨求学的科学作风的需要。

1.2.4　分析故障原因，精心排除故障

1. 故障原因分析

实验中出现故障或异常现象，不外乎两方面原因，即设计性错误或实验性错误。
设计性错误指硬件设计或软件设计存在错误或不合理的地方。通常出现的具体原因可能有以下几种：
(1) 电路设计错误，致使逻辑功能不对。
(2) 器件选用不当或性能指标不合要求(如带负载能力不够等)。
(3) 信号极性相反。
(4) 相关信号间时序要求不满足。

（5）程序中子程序的调用、中断处理程序的转入或跳转指令的地址有错。

（6）子程序调用和条件转移指令的条件未能满足，或者调用子程序前或进入中断服务程序前未保护现场，返回主程序前未恢复现场。

若是逻辑功能或信号极性有错，往往呈现固定性故障，一般能重复出现；若是器件带负载能力不足或其他性能指标不合要求，或者信号时序不协调，往往表现为随机性故障；若是程序出错，则往往使实验开始不了或中止，甚至把所有的应用程序都冲掉。

实验性错误指实验过程中因粗心大意、步骤不当、安装工艺水平不高等主观原因或噪声干扰、元器件失效等客观原因引发的错误。其中常见的具体原因有：

（1）IC 芯片插反、露脚（有的引脚未插入插座）、与插座内孔接触不良。

（2）连线错接、漏接或接触不良，或在某处断开。

（3）焊接点有虚焊、漏焊或脱焊。

（4）IC 芯片未加工作电源或未接地。

（5）IC 芯片多余输入端未按规定接高低电平。

（6）系统中装入了已损坏的元器件或元器件标称参数值与实际值不相符（如电阻、电容等）。

（7）本来正常的元器件因故失效。

（8）电源和其他环境的噪声干扰。

（9）使用仪器不当，观测方法欠妥而造成出错假象。例如，误用万用表去测动态参数或波形，示波器的选用或调整不当等。

实验性错误造成的故障很多都是带有随机性的，故障现象也更复杂多样，查找和排除故障所花的时间，有时甚至比重新安装布线所花的时间还要多。因此，实验者在实验过程中一定要耐心细致、一丝不苟，一步一个脚印地插好每个元器件，接好每根连线，最大限度地避免主观原因引起的差错。

实验中一旦出现了故障现象，千万不要急躁，而要静下心来，以学过的理论知识和基本原理为指导，从现象出发，仔细地分析判断，或者借用必要的测试手段找出故障原因，将故障排除。

2. 故障的检测排除

检测和排除微机实验系统故障的一般流程如图 1.2 所示。

其中，软件调试主要包括以下几个方面：

• 检查可编程接口芯片是否已被正确编程。

• 检查是否使用了正确的 I/O 口地址和存储器地址。

• 检查实现指定功能的算法是否正确。

• 检查所用的算法是否已用汇编语言正确编程。

对于具体程序中的故障，一般可通过仔细检查源程序、核查机器码、单步执行程序、分位设置断点检查等方法，将故障原因找出来。

对于硬件调试，在电源、微型计算机及实验程序均正常的前提下，可从故障现象暴露点出发，从后往前（从输出往输入）逐级地进行观测分析，直至找到故障根源。检测排除硬件故障的常用方法有以下几种：

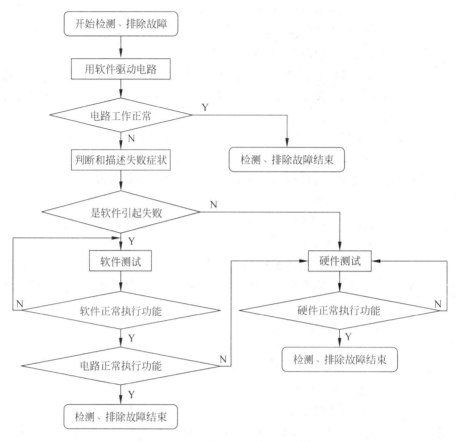

图 1.2　一般检测、排除故障流程图

（1）观察法

这是检修故障首先用到的方法。通过人的肉眼检查有无元器件损坏，如烧焦、断裂、松动、反插、插错及导线有无开路等毛病；通过耳朵听声音有无异常；通过鼻子嗅元器件是否有焦糊味；通过手触摸探测器件的温度是否有异常等等。用这种方法先将易发现的故障排除掉。

（2）插拔法

插拔法是一种通过拔出或插入可疑器件或导线来寻找故障原因的查错方法。例如，微机在未接实验线路时运行正常，一接上实验线路就不能正常工作，这时可依次拔出和微机总线相连的有关器件和连线。若某一器件或连线拔出时，微机运行正常了，则可判断故障就出在该器件或该连线上，或与该连线相连的其他器件上。

（3）试探法

试探法是用确知可靠的正常器件来替换有故障疑点的同型号器件，以此来探查故障的方法。这种方法要求有较多的备件，而且只有在能确知原来连线正确，负载适当（以确保新器件换上后不致被损坏）的前提下才能使用。

（4）交换比较法

这种方法是利用系统中同一型号或功能、引脚兼容的器件互相交换位置，进行比较测量，观察故障变化情况，从而判定故障位置的检错排错方法。这种方法在检错原理上与试探法相似,但比试探法经济。不过它只适用于具有多个同种功能器件的系统。

(5) 静态测试法

这种方法是设法使微机暂停在某一特定状态,再根据逻辑分析原理,用万用表或逻辑笔来逐级测量所需考察的各点电平,以判定故障位置。实践证明,像三极管、IC 芯片等许多器件的故障,多数都能通过本法找出故障点,所以它是一种最基本、最重要的检错排错方法。

(6) 动态分析法

这种方法是通过编制某种只用于检查目的的简单调试程序,让微机实验系统连续运行而进行观察分析的检错方法。它通常利用示波器或逻辑分析仪来观察有关器件引脚的波形,并将它同理论分析的正常波形相比较。若观察到某器件的输入波形正常而输出波形异常,则可判定故障出在该器件或与其输出有关的连线或其他器件上。

1.2.5　按规范撰写实验报告

撰写实验报告是成功完成每个实验的最后一个环节,也是培养实验者在科学实验基本技能和理论与实践的结合上综合分析、评价实验结果,探讨实际问题能力的必不可少的重要环节。同时,它也是衡量实验做得好坏、评定实验成绩的主要依据之一。

实验报告要求按统一、规范的格式书写或打印,并且限期完成。实验报告一般应包括以下几项内容:

(1) 实验题目

(2) 实验目的

(3) 实验任务

(4) 实验所用设备器件

(5) 实验系统硬件(包括功能框图和电路原理图)

(6) 实验系统软件(包括程序流程图和程序清单)

(7) 实验数据与波形(包括原始记录)

(8) 实验结果分析与讨论

(9) 思考题解答

(10) 收获体会与意见建议

1.3　实验支撑平台

DLE-KD 型微机硬件实验系统主要由实验平台、微机接口卡、60 芯和 40 芯的扁平电缆等组成,见图 1.3 所示。实验平台是由 I/O 地址译码电路、ISA 总线插孔、接口实验常用集成电路(8255、8250、8254、8259、8279、DAC0832、ADC0809、6264RAM 等基本实验模块)、外围电路(单脉冲发生器、波形发生器、分频器、复位电路、二进制拨码开关、二进制数码显示条、6 位 7 段数码显示器)和一些特殊器件(如继电器、可控硅、步进电机、光电隔离器、PWM 控制器、麦克风/扬声器、4×5 阵列键盘、红外发送/接收器、模拟信号调节器、串行接口及 9 针串行口插座、三色 LED 显示器等)组成,可支持典型可编程接口芯片扩充与性能验证实验、多接口芯片综合设计实验,还可直接支持各种测控类及其他类型的探索性实验和综合应用实验。

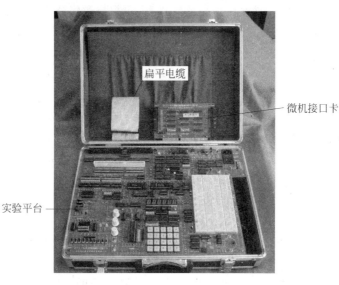

图 1.3　DLE-KD 型微机硬件实验系统

1.3.1　硬件平台：DLE-KD 微机硬件实验系统

1. 实验平台结构

实验平台结构简图如图 1.4 所示。下面对实验平台中常用的部分电路作简要介绍。

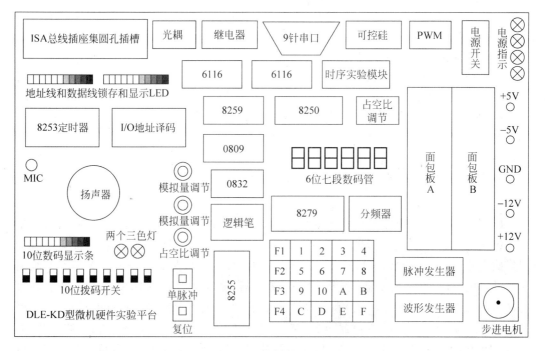

图 1.4　DLE-KD 型微机硬件实验平台

2. 实验平台的外围电路

(1) I/O 地址译码电路

I/O 地址译码是实验平台所必须提供的基本单元,实验平台为用户提供了 8 组 I/O 端口地址,每组包含 0H~FH 共 16 个连续地址,具体的地址情况如下:

200H~20FH,210H~21FH,220H~22FH,230H~23FH

240H~24FH,250H~25FH,260H~26FH,270H~27FH

其中每一组地址提供一个可自锁紧的圆孔插座。原理图如图 1.5 所示。在这里提供了一个 8 位拨码开关,分别对应这 8 组 I/O 地址。若机器未用,则将其开关打开。

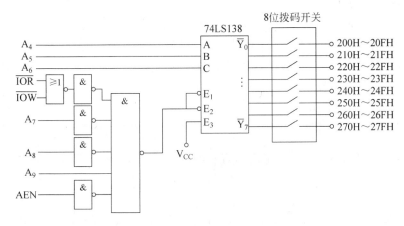

图 1.5　I/O 地址译码单元模块电路原理图

(2) ISA 总线插孔

DLE-KD 型微机硬件实验平台直接从微机主板上引出了 ISA 总线。包括数据信号 D_7~D_0,地址总线信号 A_{19}~A_0,存储器读写信号 $\overline{\text{MEMR}}$、$\overline{\text{MEMW}}$,输入/输出读写信号 $\overline{\text{IOR}}$、$\overline{\text{IOW}}$,中断请求信号 IRQ,DMA 请求信号 DRQ、DMA 响应信号 $\overline{\text{DACK}}$、地址锁存信号 ALE,地址允许信号 AEN,时钟 CLK 和 DMA 传送终止信号 T/C 等。ISA 总线的实物图如图 1.6 所示。

图 1.6　ISA 总线及地址数据锁存显示实物图

同时不仅在实验平台上提供了其他实验所用的总线圆孔插座,而且提供了真实的ISA总线插槽。从而既方便了使用者完成普通的实验课程,又满足了工程实践中开发ISA总线扩展板需要安全的总线环境的需求。出于信号的驱动能力和安全考虑,每一个输入信号串入一个120Ω的电阻,再经过74LS245缓冲,在总线引入后提供了地址线和数据线信号显示/锁存的功能。32位的LED显示条可以全面显示以上两种信号的实时状态,在I/O读写信号的控制下对状态锁存。通过这种锁存显示的方式可以方便实验者在单步调试程序时及时观察在每一次读写操作时数据信号和地址信号的状态。此处共有4个10位显示条,每个显示条只有中间8位有效。前两个显示条显示16位数据线状态,后两个显示16位地址线状态。

（3）波形发生器电路

DLE-KD型微机硬件实验平台提供多种频率的方波和正弦波。

方波产生器原理图见图1.7,通过分频电路可以分别产生100Hz,1kHz,10kHz,1MHz方波,这些方波通过实验平台所提供的可自锁紧导线插孔输出。此模块同时产生一近1kHz的正弦波信号。

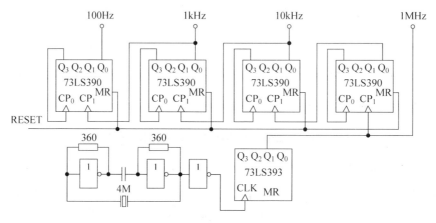

图1.7 方波产生器电路示意图

此模块有五个自锁紧插孔,分别对于1kHz正弦波,100Hz,1kHz,10kHz,1MHz方波。

（4）逻辑电平开关电路

逻辑电平开关物理图如图1.8所示。实验台左下方设有10个开关$K_1 \sim K_{10}$,开关向上拨为"0"状态;开关向下拨为"1"状态。

图1.8 逻辑电平开关物理图

（5）发光二极管 LED

DLE-KD 型微机硬件实验平台上的电平显示条模块包含一条 10 位显示条和 10 个自锁紧插孔 LED1，LED2，LED3，LED4，LED5，LED6，LED7，LED8，LED9，LED10。这 10 个自锁紧插孔与显示条上的每一位一一对应，如图 1.9 所示。

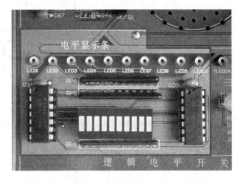

图 1.9　电平显示条系统模块实物图

（6）三色 LED 灯

三色灯共有 3 个管脚，中间一个为公共端地，另两个为红色和绿色控制端，红色控制端有效发红光，绿色控制端有效发绿光，两个控制端同时有效发黄光。三色显示灯物理示意图如图 1.10 所示。

（7）单脉冲电路

该电路如图 1.11 所示，采用 R-S 触发器构成，每按动一次开关即可从两个插孔上分别输出一个正脉冲和一个负脉冲。

图 1.10　三色显示灯物理示意图

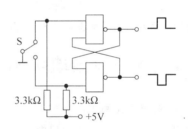

图 1.11　单脉冲电路原理图

（8）数码管显示电路

DLE-KD 型微机硬件实验平台上的数码管显示模块有 6 个 7 段数码管和一些驱动电路（位驱动与段驱动）。电路原理框图如图 1.12 所示。数码管的显示可由 8279 或 374 锁存电路控制。当用 374 电路控制数码管的显示时，将拨码开关 SWP12 的所有位置于 OFF 状态。SWP13 的 1、2、3、4、5、6、8 位全部置于 OFF 状态。电路为 LED 动态显示方式，将 6 个数码管中所有位的段选线并联在一起，由 8D 触发器 74LS374 锁存数据总线后经 7407 驱动来控制，而共阴极点则分别由另一片 74LS374 锁存数据总线的各位来控制。将两片 74LS374 锁存器的片选信号（CLK 端）合二为一，而通过 A_0 线来区分它们，当 A_0 为 0 时选择控制段码锁存器；当 A_0 为 1 时，选择控制位码的锁存器。如当实验时将模块的片选线 CS-374 接至 200H～20FH 地址段时，则段码锁存器地址为 200H 或 208H；位码锁存器地址为 201H 或 209H；CS-374 接片选信号。

（9）继电器及驱动电路

继电器作为弱电控制强电的基本器件，在工业控制现场得到了广泛的应用。

继电器的工作原理比较简单，主要是通过低电压（弱电）控制继电器内的线圈作为开

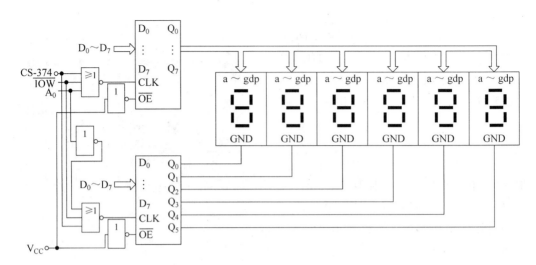

图 1.12 数码管显示电路原理框图

关,从而实现强电的接通。DLE-KD 型微机硬件实验平台中提供的继电器电路原理示意图如图 1.13。

从图 1.13 可以看到,继电器使用了 6 个引脚。其中 5、6 是弱电控制点,其间是一个线圈,1、2 和 3、4 是一个双刀双掷的开关,用来实现强电部分的导通控制。每当 5、6 接通时,线圈产生吸力,开关导通;5、6 断开时,线圈吸力消失,开关断开。从而实现了整个控制过程。

图 1.13 中的 S41、S44、S45、S46、S47 和 S48 分别表示平台电路板上的可自锁紧信号线插孔。

（10）逻辑笔测试电路

逻辑笔是数字电路调试过程中可以使用的最简单、最廉价的测试工具。在 DLE-KD 型微机硬件实验平台上直接提供了一个实验用的逻辑笔。逻辑笔电路提供一个可自锁紧的逻辑笔插孔和两个 LED 指示灯,红灯亮为高电平,绿灯亮为低电平。逻辑笔模块的物理位置见图 1.14。

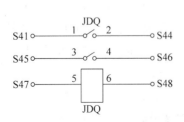

图 1.13 继电器电路原理示意图

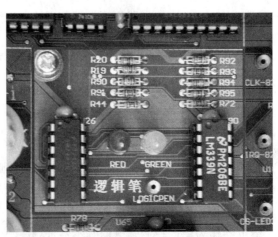

图 1.14 逻辑笔物理位置图

（11）占空比调节模块

DLE-KD型微机硬件实验平台上的占空比调节模块的功能是对输入的方波信号的占空比进行调节。如图1.15所示，占空比调节除了图1.15中所指示的部分外，还包括一个"占空比调节"旋钮。

图1.15　占空比调节模块实物图

此模块有3个自锁紧插孔，它们分别是PWA-IN，PWA-OUT，PWA-OUT/：

PWA-IN——信号输入端

PWA-OUT——信号输出端

PWA-OUT/——信号输出反向端

3. 实验平台的常用接口芯片实验电路

实验台上还配有微机接口实验所需要的最常用的接口电路芯片，包括存储器（6264）、中断控制器（8259）、可编程定时器/计数器（8253）、可编程并行接口（8255）、数/模转换器（DAC0832）、模/数转换器（ADC0809）。这些芯片的地址线、数据线和一些控制线在实验台内部都已连接好，与外界连接的关键引脚在芯片周围用"自锁紧"插孔引出，供实验者实验时使用。具体电路可见后面各实验指导。

1.3.2　软件平台：未来汇编FASM

未来汇编是一个集程序编辑、编译、连接、调试为一体的汇编语言程序开发软件。汇编语言程序人员可在未来汇编环境下进行全屏幕编辑，利用窗口功能进行编译、连接、调试、运行、环境设置等工作。为用户提供了方便的操作环境。未来汇编FASM不需要安装，直接拷贝就可以使用。

1. FASM的使用方法

首先在未来汇编的目录下运行未来汇编文件。可进入未来汇编的用户界面，如图1.16所示，主菜单下为工具栏，中间的空白区为源程序编辑区，下方为信息区。

未来汇编的主菜单栏包含5个菜单，即文件（F）、编辑（E）、程序（P）、选项（O）、帮助（H），如图1.17所示。下面把常用的菜单命令介绍一下。

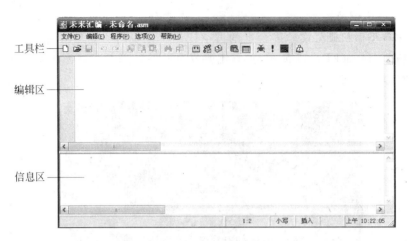

图 1.16　未来汇编的用户界面

（1）文件（F）菜单

该菜单包含如图 1.18 所示的子菜单。

新建：可生成新的文件。

打开：用于打开一个已存在的文件。

保存：保存当前文件。

另存为：将当前文件另存为一个新文件。

打印：打印文件。

退出：退出集成开发环境。

（2）编辑（E）菜单

该菜单包含如图 1.19 所示的子菜单。

图 1.17　未来汇编的主菜单

图 1.18　文件（E）菜单的子菜单

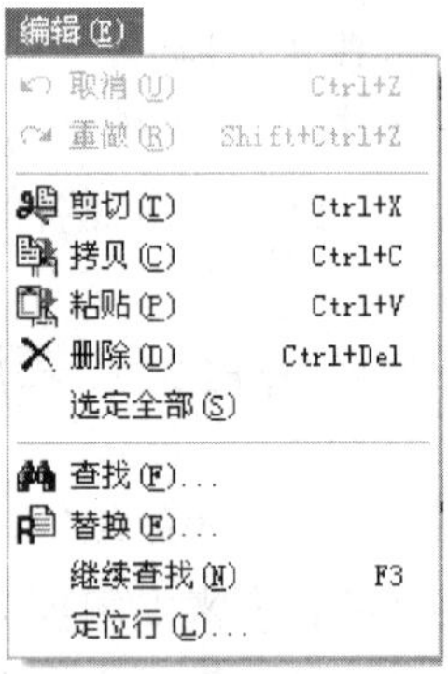

图 1.19　编辑（E）菜单的子菜单

取消：撤销上一次的编辑操作。

重做：恢复被取消的编辑操作。

剪切：将选定的内容删除，同时将之移到剪贴板。

拷贝：将选定的内容复制到剪贴板。

粘贴：将剪贴板中的内容复制到光标的当前位置处。

删除：删除选定的内容或光标所在位置的后一个字符。

查找：查找指定的字符或字符串。

替换：替换为指定的字符或字符串。

（3）程序(P)菜单

该菜单结构如图 1.20 所示。它的子菜单命令主要用来进行汇编程序的编译、连接、调试和运行等。

编译：编译汇编语言源程序，生成 .OBJ 文件。

连接：连接 .OBJ 文件，生成 .EXE 文件。

运行：从程序的开始运行到断点处，若无断点，则程序运行到结束。

调试：进入调试窗口。

MS-DOS 方式：进入 DOS 方式。

（4）选项(O)菜单

该菜单结构如图 1.21 所示。

图 1.20　程序(P)菜单的子菜单　　　　图 1.21　选项(O)菜单的子菜单

程序选项：可改变辅助文件、包括文件、库文件、中间文件及执行等的文件路径。

（5）帮助(H)菜单

2. FASM 的调试程序——未来之窗

FASM 的调试程序——未来之窗是一个具有窗口界面的程序调试工具，与 DEBUG.EXE 程序相比用户界面友好，功能强大，使用方便。可以使编程者监测 CPU 各个寄存器、状态标志位和内存单元的内容，在调试过程中可以单步执行程序，也可以任意在程序中设置断点，能够监视程序的执行情况，便于寻找程序的错误。

（1）菜单命令介绍

同上面一样，在未来汇编中，选择"程序"→"调试"，显示出调试窗口未来之窗用户界面，如图 1.22 所示。显示屏的顶部是主菜单，它提供了 9 个子菜单，即 File、Edit、View、Run、Breakpoints、Data、Options、Window、Help。

① File：处理文件（装入、选择和建立），目录操作（列表、改变工作目录），获取可执行文件基本信息，退出调试窗口，返回未来汇编辑窗口。

② Edit：建立、编辑源文件（包括拷贝、粘贴等常用命令）。

③ View：主要用来管理和控制视图。也就是断点设置、各堆栈段、各寄存器、运算器、CPU 状态以及自定义变量的窗口的切换。

④ Run：运行程序。还包括在调试程序时自定义设置断点、执行至断点、执行至光标

主菜单

图 1.22　未来汇编调试程序窗口——未来之窗

处和单步跟踪调试等设置。

⑤ Breakpoints：设置断点和清除断点。

⑥ Data：可以监测、评价、修改程序运行中的数据。

⑦ Options：提供集成环境下的多种选择和设置（设置存储模式、选择编译参数、诊断及连接选项）以及定义宏；也可记录 Include、Output 及 Library 文件目录，保存编译任选项和从配置文件加载任意选项。

⑧ Window：设定调试程序过程中窗口的设置。

⑨ Help：帮助菜单，提供按主题帮助。

注意：在主菜单中，Edit 选项仅仅是一条进入编辑器的命令，其他选项均为下拉式菜单，包含许多命令选项，使用鼠标或方向键移动光标带来选择某个选项时，按 Enter 键，表示执行该命令。若屏幕上弹出一个下拉菜单，则表示可以进一步选择。图 1.23 为各菜单展开时的子菜单。

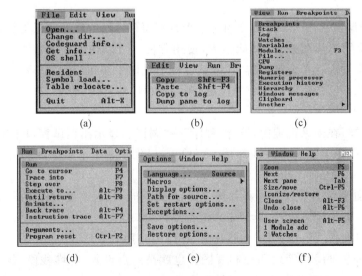

图 1.23　子菜单

（2）菜单区操作

调试程序时，首先要选择 View→CPU 命令，弹出 CPU 窗口。如图 1.24 所示，CPU 窗口由代码区、寄存器区、标志位区、数据区和堆栈区以及全局菜单、功能键提示条等组成。

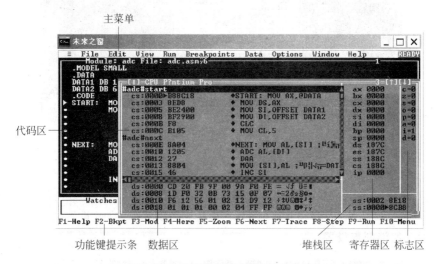

图 1.24　未来汇编的 CPU 调试窗口

① 代码区操作

代码区由段基址、偏移地址、机器码、源程序代码等组成，如图 1.25 所示。

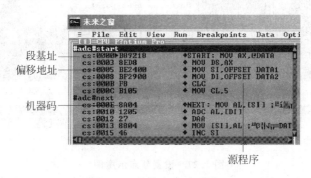

图 1.25　代码段结构示意图

代码区操作可以对汇编代码进行调试，调试代码时最常用的就是单步运行和设置断点运行。单步运行有两种操作，一种是选择 Run 菜单里的 Trace into 命令或按功能键 F7；另一种是选择 Run 菜单里的 Step over 命令或按功能键 F8 即可进行单步运行，如图 1.26 所示。当前指令运行结束后，箭头会指向下一步要执行的指令，单步运行期间可以查看寄存器、标志位和数据段内容的变化。

单步执行命令 Trace into（含进入子程序）或功能键 F7：是从程序当前位置起，每按一次 F7 键，执行一条指令。如程序中有调用子程序指令，则跟踪到子程序中单步运行。

单步执行程序命令 Step over 或功能键 F8：是从程序当前位置起，每按一次 F8 键，执行一条指令。但遇到调用子程序指令不跟踪进入子程序。

设置断点的方法是把代码视窗里的选择亮条移动到欲设断点的代码处，然后选择

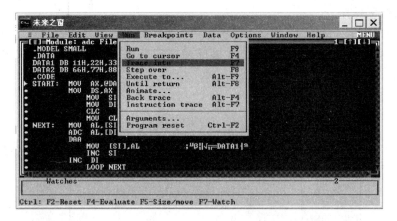

图 1.26　单步运行调试代码示意图

Breakpoints 菜单里的 Toggle 命令（如图 1.27 所示）或按功能键 F2，被设置断点的代码会以红色底色显示，然后执行命令 RUN 或按功能键 F9。这样当程序运行到断点处就会自动停下，此时可以查看内存和寄存器的相应数据。如果不想在此设置断点，可以再次按下功能键 F2 取消断点设置。

图 1.27　设置断点示意图

② 寄存器区和标志区介绍

寄存器区包括 4 个数据寄存器 AX、BX、CX、DX，两个基址寄存器 SP、BP，两个变址寄存器 SI、DI，指令指针寄存器 IP 以及段寄存器 CS、DS、SS、ES 的内容，标志区包括状态标志位 CF、ZF、SF、OF、PF、AF 和控制标志位 IF、DF 的值，如图 1.24 所示。

③ 数据区操作

要查看数据段（或其他段）的数据，可以选择 View 菜单里的 Dump 命令如图 1.28 所示，可弹出 Dump 窗口如图 1.29 所示，也可以通过设置段基址查看其他段的数据。Dump 窗口由数据段的段基址、偏移地址、数据和数据所对应的 ASCII 码组成。

④ 堆栈区操作

图 1.29 的右下侧所示为堆栈区，用户可以对其每一部分进行修改。

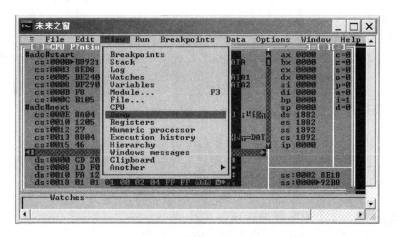

图 1.28　查看数据段操作示意图之一

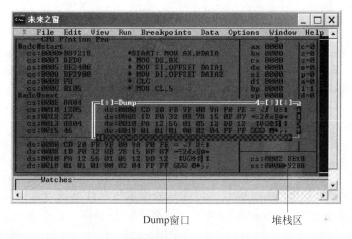

Dump窗口　　　　　　堆栈区

图 1.29　查看数据段操作示意图之二

1.4　上机编程操作指南

1.4.1　汇编语言程序的建立和执行

汇编语言程序设计过程分为两个阶段：编写程序阶段和上机调试阶段。编写程序阶段包括问题分析、确定算法以及手工编写程序等步骤；而上机调试阶段包括编辑、汇编、连接和调试等步骤。汇编语言程序的上机调试阶段可用图 1.30 来说明。首先用编辑程序产生汇编语言的源程序(扩展名为 .ASM 的文件)；然后用汇编程序把源文件转换成

图 1.30　汇编语言程序的建立过程

用二进制代码表示的目标文件(扩展名为.OBJ 的文件);再经过连接程序,形成可执行文件(扩展名为.EXE 的文件)。

进行汇编语言程序设计时需要的编程工具有文本编辑器、汇编程序、连接程序以及调试程序,下面分别对它们进行简要介绍。

1.用编辑程序建立和修改源程序

可以使用任意一种文本编辑器输入事先已手工编写好的汇编语言源程序,并将其存储为扩展名为.ASM 的文件。通常用全屏幕编辑程序 EDIT 来建立和修改源程序,或用未来汇编集成开发软件来编辑。

2.用汇编程序把源文件转换成目标文件

使用汇编程序(ASM、MASM 或 TASM)对.ASM 文件进行汇编,即对.ASM 文件进行语法检查,在没有语法错误的情况下将其汇编成.OBJ 文件。

汇编语言源程序是不能为机器所识别的,要经过汇编程序加以翻译,把源文件转换成用二进制代码表示的目标文件(后缀为.OBJ 文件)。在转换的过程中,汇编程序将对源程序进行两遍扫描,如果源程序中有语法错误,则汇编结束后,汇编程序将指出源程序中的错误,用户需再次调用编辑程序修改,并重新汇编最后得到无语法错误的.OBJ 文件。

在 MS-DOS 支持下,经过汇编所生成的目标程序是浮动的。因此,通过再定位才能运行。

3.经过连接形成可执行文件

经过连接程序(LINK),将.OBJ 文件连接装配成可在计算机上直接运行的可执行文件.EXE,这时就可以在 DOS 命令行键入文件名来运行程序。若程序运行正确,则程序设计工作可到此结束,否则,使用调试程序 DEBUG 对.EXE 文件进行调试,以发现程序中存在的逻辑或算法错误。

下面用未来汇编 FASM 结合一个简单实例来对编辑、汇编、连接、运行和调试的使用过程作一个简要介绍。

例 1.1 求两个组合 BCD 码的和。要求被加数和加数以组合的 BCD 码(低位在前,高位在后)存放在 DATA1 和 DATA2 为首的 5 个内存单元中,结果送回 DATA1 处。已知源程序如下:

```
.MODEL SMALL                    ;简化段定义
.DATA
DATA1 DB 11H,22H,33H,44H,55H    ;被加数
DATA2 DB 66H,77H,88H,99H,00H    ;加数
.STACK
.CODE
START:  MOV    AX,@DATA
        MOV    DS,AX
        MOV    SI,OFFSET DATA1
        MOV    DI,OFFSET DATA2
        CLC
```

```
        MOV   CL,5
NEXT:   MOV   AL,[SI]              ;取被加数
        ADC   AL,[DI]
        DAA
        MOV   [SI],AL              ;结果送 DATA1 处
        INC   SI
        INC   DI
        LOOP  NEXT
        MOV   AL,0
        ADC   AL,0
        MOV   [SI],AL
        MOV   AH,4CH
        INT   21H
        END   START
```

下面几节将分别说明如何在未来汇编软件 FASM 的支持下,对该程序进行编辑、汇编、连接和调试。

1.4.2 编辑生成汇编语言源程序(＊.ASM)

使用未来汇编 FASM 将上述程序清单通过键盘输入,将文件名保存为 ADC.ASM。

首先在未来汇编的目录下运行未来汇编文件,即可进入未来汇编的用户界面。若源程序原不存在,则在源程序编辑区输入程序,程序输入结束后保存,保存文件名为 ADC.ASM;若源程序原已存在,可在文件菜单中打开该文件,如图 1.31 所示。

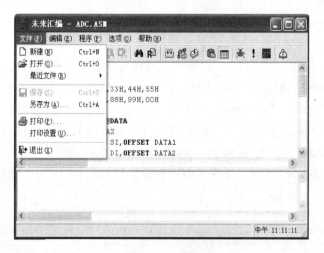

图 1.31 编辑生成 ADC.ASM 文件

1.4.3 汇编生成目标文件(＊.OBJ)

生成汇编语言源程序后,就可以用 FASM 中的汇编功能对源程序进行汇编了。方法是先后选择"程序"→"编译",便可对 ADC.ASM 进行汇编。若汇编过程发现源程序中有语法错误,则在信息窗口给出错误信息提示,并列出警告数及错误数。这时需要重

新打开源程序对其进行修改,然后再进行汇编,直到没有语法错误而生成目标文件为止。若没有错误,则生成目标文件 ADC.OBJ,并且在信息窗口给出如图 1.32 所示的"Error messages:None"和"Warning messages:None"信息提示。

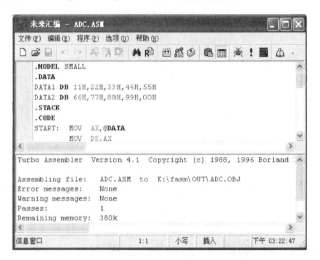

图 1.32　汇编生成 ADC.OBJ 文件

可以看出,未来汇编 FASM 给出的信息有两种:Warning messages(警告)和 Error messages(错误)。其中,警告不影响程序的进行,但是可能会得出错误的结果;而错误则会使目标文件无法生成。

1.4.4　连接生成可执行文件(*.EXE)

汇编生成的目标文件(*.OBJ)必须经过连接后才能生成可执行文件(*.EXE)。在未来汇编 FASM 中选择"程序"→"连接",把 ADC.OBJ 文件连接生成 ADC.EXE 文件,如图 1.33 所示。如果 ADC.OBJ 文件有错误,LINK 会在信息窗口指出错误的原因,然后要重新打开源程序进行修改,再进行汇编、连接,直到没有连接错误而生成可执行文件为止。对于在 DOS 下进行连接操作时产生的无堆栈警告(Warning:NO STACK segment)可以不予理睬,原因是源程序中没有设置堆栈段,这不会影响程序的正常执行,因为此时将使用系统堆栈。

1.4.5　未来汇编下调试程序的应用

生成 ADC.EXE 程序后,可应用未来之窗软件对其进行调试。调试步骤如下:

(1)执行"程序"→"调试"→"View"命令得到图 1.34 所示显示屏。

(2)按功能键 F8(或 F7)可以对 ADC.EXE 程序进行单步调试。注意观察寄存器数值的变化(以白色来显示)和标志寄存器的变化。执行到第 3 步指令后,可看到程序中被加数的有效地址送到了 SI 寄存器中,在寄存器区可看到 SI 寄存器的值为 0024,见图 1.35 所示。

图 1.33 连接生成 ADC.EXE 文件

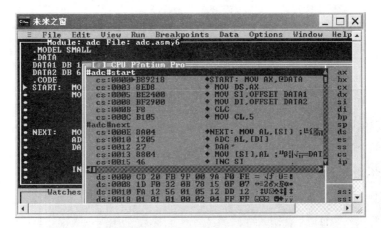

图 1.34 程序 ADC.EXE 的调试窗口

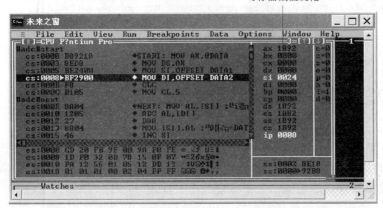

图 1.35 程序单步运行寄存器数值变化之一

（3）程序继续单步运行，运行至图 1.36 所示位置，可在数据段查看程序执行的结果，执行 View→Dump 命令，弹出数据段的内容，如图 1.37 所示。题目要求结果送回 DATA1 处，而 DATA1 的首地址是 0024H，可单击 Dump 窗口右边的滚动条，找到 0024H 单元开始的 6 个单元的内容为 77 99 21 44 56，由于数据存放的顺序为低位在前高位在后，所以最后结果为 56 44 21 99 77。

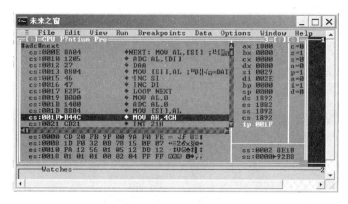

图 1.36　程序单步运行寄存器数值变化之二

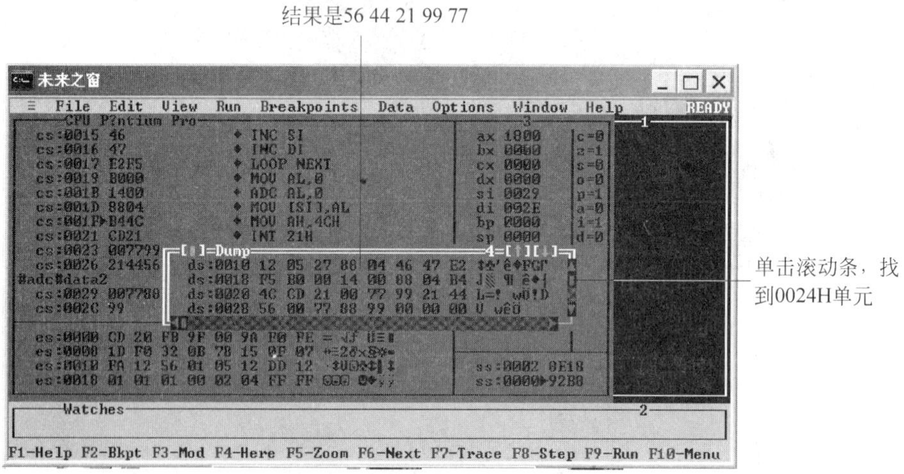

结果是56 44 21 99 77

单击滚动条，找到0024H单元

图 1.37　查看数据段内容示意图

1.5　DOS 和 BIOS 功能调用及调用方法

DOS 操作系统和 ROM BIOS 系统各为用户提供了一组例行子程序，用于完成基本 I/O 设备（如 CRT 显示器、键盘、打印机、软盘、硬盘等）、内存、文件和作业的管理，以及时钟、日历的读出和设置等功能。为了方便程序员使用，DOS 和 BIOS 把这些例行子程序编写成相对独立的程序模块并且编上号。用户访问或调用这些子程序时，不必过问其内部结构和细节，也不必关心硬件 I/O 接口的特性，只需在累加器 AH 中给出子程序的功能号，然后直接用一条软中断指令（INT n）调用即可。

调用编了号的 DOS 功能子程序称为 DOS 功能调用或系统调用,而对 ROM BIOS 中编了号的例行子程序的调用则称为 BIOS 功能调用。

DOS 系统调用为用户提供的是系统的高级接口,用户的应用程序可以通过 DOS 服务层的 DOS 系统调用方便地实现系统的软硬件接口,如关于磁盘文件的操作、字符的输入输出、网络通信以及 DOS 操作系统中的操作等。因此,用户的应用程序应尽可能用这种方式来实施。

用 DOS 系统调用来编程虽然很方便,但是遇到对硬件细节控制要求较高的接口时,DOS 系统调用所提供的用户与系统的高级接口有时很难胜任。这时,可以通过 BIOS 调用来实现。如在设计与显示字符、图形、表格有关的程序时,就可以通过 BIOS 来实现。BIOS 调用是用户与系统的低级接口。

1.5.1 DOS 系统功能调用表

DOS 系统功能调用是以 INT 21H 方式提供的系统服务,主要包括设备操作,文件操作和目录操作等几项功能,每类中又包含多种不同功能模块。表 1.1 中给出的是 DOS 功能调用各功能模块的功能及其入口、出口参数一览表。

表 1.1 MS-DOS 系统功能调用

调用类	功能号 (AH)	功 能	入 口 参 数	出 口 参 数
设备操作功能调用	01H	键盘输入并回显		(AL)=输入字符
	02H	显示器输出	(DL)=输出字符	
	03H	串行通信 COM1 输入		(AL)=输入数据
	04H	串行通信 COM1 输出	(DL)=输出字符	
	05H	打印机输出	(DL)=输出字符	
	06H	直接控制台 I/O	(DL)=FFH(输入) (DL)=字符(输出)	(AL)=输入字符
	07H	直接控制台输入(无回显,不检测 Ctrl-C)		(AL)=输入字符
	08H	键盘输入(无回显,检测 Ctrl-C)		(AL)=输入字符
	09H	显示字符串	(DS:DX)=串地址,字符串以"$"结尾	
	0AH	带缓冲区的键盘输入(输入字符串)	(DS:DX)=缓冲区首址 (DS:DX)=缓冲区最大字符数	[DS:(DX)+1]=实际输入的字符数
	0BH	检查键盘状态		(AL)=FFH,有输入 (AL)=00H,无输入
	0CH	清除磁盘缓冲区,并执行指定输入功能	(AL)=输入功能号 (1、6、7、8 或 A)	
	0DH	磁盘复位		清除文件缓冲区

续表

调用类	功能号 （AH）	功　能	入　口　参　数	出　口　参　数
设备操作功能调用	0EH	指定当前默认的磁盘驱动器	（DL）＝驱动器号 （0＝A，1＝B，2＝C…）	（AL）＝驱动器的数目
	19H	取当前默认磁盘驱动器		（AL）＝默认的驱动器号 0＝A，1＝B，2＝C，…
	1AH	设置磁盘传送缓冲区	（DS：DX）＝DTA 地址	
	1BH	取当前盘文件分配表（FAT）信息		（AL）＝每簇扇区数 （DS：DX）＝FTA 标识字节 （CX）＝物理扇区的字节数 （DX）＝每磁盘的簇数
	1CH	取指定盘文件分配表（FAT）信息	（DL）＝驱动器号	（同上）
	2EH	置磁盘自动读写标志	（DL）＝0 （AL）＝00H 关闭标志 （AL）＝FFH 打开标志	
	2FH	取磁盘缓冲区首址		（ES：BX）＝缓冲区首址
	36H	取空闲磁盘空间	（DL）＝驱动器号 （0＝默认，1＝A，2＝B，…）	成功：（AX）＝每簇扇区数 （BX）＝可用簇数 （CX）＝每扇区字节数 （DX）＝总簇数 失败：（AX）＝FFFFH
	52H	取磁盘参数块		（ES：BX）＝参数块链表指针
	53H	把 BIOS 参数块（BPB）转换为 DOS 的驱动器参数块（DPB）	（DS：SI）＝ BPB 的指针 （ES：BP）＝ DPB 的指针	
	54H	取写盘后读盘的校验状态		（AL）＝00H，校验关闭 （AL）＝01H，校验打开
文件操作功能调用	0FH	打开文件（FCB）	（DS：DX）＝FCB 首地址	（AL）＝00H，文件找到 （AL）＝FFH，文件未找到
	10H	关闭文件（FCB）	（DS：DX）＝FCB 首地址	（AL）＝00H，目录修改成功 （AL）＝FFH，目录中未找到文件
	13H	删除文件（FCB）	（DS：DX）＝FCB 首地址	（AL）＝00H，删除成功 （AL）＝FFH，未找到
	14H	顺序读文件（FCB）	（DS：DX）＝FCB 首地址	（AL）＝00H，读成功 （AL）＝01H，文件结束 （AL）＝02H，DTA 空间不够 （AL）＝03H，文件结束

续表

调用类	功能号 （AH）	功　能	入　口　参　数	出　口　参　数
文件操作功能调用	15H	顺序写文件（FCB）	（DS:DX）＝FCB首地址	（AL）＝00H，写成功 （AL）＝01H，盘满 （AL）＝02H，DTA空间不够
	16H	建立文件（FCB）	（DS:DX）＝FCB首地址	（AL）＝00H，建文件成功 （AL）＝FFH，无键盘空间
	21H	随机读文件（FCB）	（DS:DX）＝FCB首地址	（AL）＝00H，读成功 （AL）＝01H，文件结束 （AL）＝02H，缓冲区溢出 （AL）＝03H，缓冲区不满
	22H	随机写文件（FCB）	（DS:DX）＝FCB首地址	（AL）＝00H，写成功 （AL）＝01H，磁盘满 （AL）＝02H，缓冲区溢出
	24H	设置随机记录号	（DS:DX）＝FCB首地址	
	27H	随机读多个记录（随机分块读）	（DS:DX）＝FCB首地址 （CX）＝记录数	（AL）＝00H，读成功 （AL）＝01H，文件结束 （AL）＝02H，缓冲区太小，传输结束 （AL）＝03H，缓冲区不满
	28H	随机写多个记录（随机分块写）	（DS:DX）＝FCB首地址 （CX）＝记录数	（AL）＝00H，写成功 （AL）＝01H，磁盘满 （AL）＝02H，缓冲区溢出
	29H	分析文件名	（ES:DI）＝FCB首地址 （DS:SI）＝字符串地址 （AL）＝分析控制标志	（AL）＝00H，标准文件 （AL）＝01H，多义文件 （AL）＝FFH，非法盘符
	3CH	建立文件	（DS:DX）＝文件名首址 （CX）＝文件属性	成功：（AX）＝文件号 失败：（AX）＝错误码
	3DH	打开文件	（DS:DX）＝文件名首址 （AL）＝00H，只读 （AL）＝01H，只写 （AL）＝02H，读/写	成功：（AX）＝文件号 失败：（AX）＝错误码
	3EH	关闭文件	（BX）＝文件号	（CF）＝00H，成功,否则失败
	3FH	读文件或设备	（DS:DX）＝缓冲区首址 （BX）＝文件号 （CX）＝读取的字节数	成功：（AX）＝读入的字节数 （AX）＝00H,已到文件尾 失败：（AX）＝错误代码
	40H	写文件或设备	（DS:DX）＝缓冲区首址 （BX）＝文件号 （CX）＝写盘字节数	成功：（AX）＝写入的字节数 失败：（AX）＝错误代码

调用类	功能号 (AH)	功 能	入 口 参 数	出 口 参 数
文件操作功能调用	41H	删除文件	(DS:DX)＝文件名首址	成功：(AX)＝00H 失败：(AX)＝错误码(2,5)
	42H	移动文件读写指针	(BX)＝文件号 (CX:DX)＝位移量 (AL)＝移动方式 (AL)＝00H,从文件头开始移动 (AL)＝01H,从当前位置移动 (AL)＝02H,从文件尾倒移	成功：(DX:AX)＝新的指针位置 失败：(AX)＝错误码
	43H	置/取文件属性	(DS:DX)＝文件名首址 (AL)＝00H,取文件属性 (AL)＝01H,置文件属性 (CX)＝文件属性	成功：(CX)＝文件属性 失败：(CX)＝错误码
	44H	设备文件I/O控制	(BX)＝文件号 (AL)＝00H,取状态 (AL)＝01H,置状态 DX (AL)＝02H,读字符设备 (AL)＝03H,写字符设备 (AL)＝04H,读块设备 (AL)＝05H,写块设备 (AL)＝06H,取输入状态 (AL)＝07H,取输出状态 (CX)＝读/写的字节数	(DX)＝设备信息
	45H	复制文件号	(BX)＝文件号1	成功：(AX)＝文件号2 失败：(AX)＝错误代码
	46H	强制复制文件号	(BX)＝文件号2 (CX)＝文件号1	成功：(CX)＝文件号1 失败：(AX)＝错误代码
	4BH	装入/执行程序	(DS:DX)＝字符串地址 (ES:BX)＝参数区首址 (AL)＝00H,装入并执行 (AL)＝03H,仅装入	
	5AH	建立临时文件	(CX)＝文件属性,(DS:DX)＝文件名地址(以\结束)	成功：(AX)＝文件代号 失败：(AX)＝错误代码
	5BH	建立新文件	(CX)＝文件属性 (DS:DX)＝文件名地址	成功：(AX)＝文件代号 失败：(AX)＝错误代码

续表

调用类	功能号(AH)	功能	入口参数	出口参数
文件操作功能调用	5CH	控制文件存取	(AL)＝00H,封锁 (AL)＝01H,开锁 (BX)＝文件代号 (CX:DX)＝文件偏移值 (SI:DI)＝文件长度	失败:(AX)＝错误代码
目录操作功能调用	11H	查找第一个目录项	(DS:DX)＝FCB首地址	AL＝00H,找到, AL＝FF 未找到
	12H	查找下一个目录项	(DS:DX)＝FCB首地址	AL＝00H,找到, AL＝FF 未找到
	17H	更改文件名	(DS:DX)＝FCB首地址	AL＝00H,文件被改名 AL＝FFH,文件未改名
	23H	测定文件大小(FCB)	(DS:DX)＝FCB首地址	AL＝00H,成功,文件长度填入 FCB AL＝FFH,未找到匹配文件
	39H	建立子目录(MKDIR)	(DS:DX)＝目录路径串首地址	CF＝00H,成功,否则失败
	3AH	删除子目录(RMDIR)	(DS:DX)＝目录路径串首地址	CF＝00H,成功,否则失败
	3BH	改变子目录(CHDIR)	(DS:DX)＝目录路径串首地址	CF＝00H,成功,否则失败
	47H	取当前目录路径名	(DL)＝盘号, (DS:SI)＝字符串地址 (从根目录开始的路径名)	成功:(DS:SI)＝当前目录路径名 失败:(AX)＝错误代码
	4EH	查找第一个匹配文件	(DS:DX)＝字符串地址 (CX)＝文件属性	失败:(AX)＝错误代码
	4FH	查找下一个匹配文件	DTA 中有 4EH 得到的信息	失败:(AX)＝错误代码
	56H	文件改名	(DS:DX)＝老文件名地址 (ES:DI)＝新文件名地址	失败:(AX)＝错误代码
其他功能调用	00H	程序中止(同 INT20H)	(CS)＝程序段前缀 PSP	
	25H	设置中断向量	(DS:DX)＝中断向量 (AL)＝中断类型号	
	26H	建立程序段前缀	(DX)＝新 PSP 段地址	
	2AH	取系统日期		(CX)＝年(1980～2099) (DH)＝月(1～12) (DL)＝日(1～31) (AL)＝星期(日～六)

续表

调用类	功能号 (AH)	功　　能	入 口 参 数	出 口 参 数
其他 功能 调用	2BH	置系统日期	(CX)＝年(1980~2099) (DH)＝月(1~12) (DL)＝日(1~31)	(AL)＝00H,成功 (AL)＝FFH,无效
	2CH	取系统时间		(CH:CL)＝时:分 (DH:DL)＝秒:1/100s
	2DH	置系统时间	(CH:CL)＝时:分 (DH:DL)＝秒:1/100s	(AL)＝00H,成功 (AL)＝FFH,无效
	30H	取 DOS 版本号		(AH)＝发行号 (AL)＝版本号 (BH)＝DOS 版本标志 (BL:CX)＝序号(24 位)
	31H	结束并驻留在内存	(AL)＝返回码 (DX)＝驻留区大小	
	33H	置/取 Ctrl＋Break 检测 状态	(AL)＝00H,取状态 (AL)＝01H,置状态(DL)	(DL)＝00H,关闭检测 (DL)＝01H,打开检测
	35H	取中断向量	(AL)＝中断类型号	(ES:BX)＝中断入口地址
	38H	置/取国别信息	(DS:DX)＝信息区首址 (AL)＝00H,取当前国别 　　　信息 (AL)＝FFH,国别代码 　　　在 BX (DX)＝FFFFH 置国别 　　　代码	(BX)＝国别代码(国际电 　　　话前缀码) (DS:DX)＝返回的信息 　　　区首址 (AX)＝错误代码
	48H	分配内存空间	(BX)＝申请内存数量	成功：(AX)＝分配内存 　　　首址 失败：(AX)＝错误代码 　　　(BX)＝最大可用 　　　空间
	49H	释放已分配内存空间	(ES)＝内存起始段地址	失败：(AX)＝错误代码
	4AH	修改已分配内存空间	(ES)＝原内存起始段地址 (BX)＝新申请内存字节数	失败：(AX)＝错误代码 　　　(BX)＝最大可用 　　　空间
	4CH	终止当前程序,返回调用 程序	(AL)＝返回码	
	4DH	取返回码		(AX)＝返回码
	50H	置 PSP 段地址	(BX)＝新 PSP 段地址	
	51H	取 PSP 段地址		(BX)＝当前运行进程 　　　的 PSP

续表

调用类	功能号 (AH)	功 能	入 口 参 数	出 口 参 数
其他 功能 调用	55H	建立 PSP	(DX)＝建立 PSP 的段地址	
	57H	置/取文件日期和时间	(BX)＝文件号 (AL)＝00H,读取日期和 时间 (AL)＝01H,设置日期和 时间 (DX:CX)＝日期、时间	成功:(DX:CX)＝日期和 时间 失败:(AX)＝错误代码
	58H	取/置内存分配策略码	(AL)＝00H,取策略代码 (AL)＝01H,置策略代码 (BX)＝策略代码	成功:(AX)＝策略代码 失败:(AX)＝错误代码
	59H	取扩充错误码	(BX)＝00H	(AX)＝错误扩充码 (BH)＝错误类型 (BL)＝建议的操作 (CH)＝出错设备代码
	62H	取程序段前缀地址		(BX)＝PSP 地址

1.5.2 BIOS 功能调用表

BIOS 的主要功能是驱动系统中所配置的常用外部设备,如显示器、键盘、打印机、磁盘驱动器、异步通讯接口和时钟等,使用户不必过多地关心这些设备具体的特性和细节,而能够方便地控制各种输入输出操作。表 1.2 给出的是 BIOS 功能调用包括的各种功能及其入口、出口参数一览表。

表 1.2 BIOS 功能调用表

中断指令 (INT)	功能号 (AH)	功 能	入 口 参 数	出 口 参 数
10H	00H	置显示方式	(AL)＝00H:40×25 黑白方式 01H: 40×25 彩色方式(16 色) 02H:80×25 黑白方式 03H: 80×25 彩色方式(16 色) 04H:320×200 彩色图形(4 色) 05H:320×200 黑白图形 06H:640×200 黑白图形 07H: 80×25 单色文本 08H:160×20016 色图形(PCjr) 09H: 320×20016 色图形(PCjr) 0AH: 640×20016 色图形(PCjr) 0BH:保留 0CH:保留	

中断指令 (INT)	功能号 (AH)	功　能	入 口 参 数	出 口 参 数
10H	00H	置显示方式	0DH：320×200 彩色图形(16 色 EGA) 0EH：640×200 彩色图形(16 色 EGA) 0FH：640×350 黑白图形(EGA) 10H：640×350 彩色图形(EGA/VGA) 11H：640×480 单色图形(EGA) 12H：640×480 16 色图形(EGA) 13H：320×200 256 色图形(EGA) 14H：360×480 256 色图形 40H：80×30 彩色文本(CGE400) 41H：80×50 彩色文本(CGE400) 42H：640×400 彩色文本(CGE400) 56H：132×60(16 色)super VGA 5BH：800×600(16 色)super VGA 5CH：640×400(256 色)super VGA 5DH：640×480(256 色)T VGA 5EH：800×600(16 色) T VGA 5FH：1024×768(16 色) super VGA 60H：1024×768(4 色) super VGA 62H：1024×768(256 色) super VGA	
	01H	置光标类型	(CH)0～3＝光标起始行 (CL)0～3＝光标结束行	
	02H	置光标位置	(BH)＝页号,(DH)/(DL)＝行/列	
	03H	读光标位置	(BH)＝页号	(CH)＝光标起始行 (CL)＝光标结束行 (DH)/(DL)＝行/列
	04H	读光笔位置		(AX)＝00H,光笔未触发 (AX)＝01H,光笔触发 (CH)/(BX)＝像素行/列 (DH)/(DL)＝字符行/列
	05H	置当前显示页	(AL)＝页号	
	06H	当前页上滚	(AL)＝上滚的行数,AL＝00H,整个窗口空白 (BH)＝卷入行的属性 (CH)、(CL)＝滚动区域左上角的行号、列号 (DH)、(DL)＝滚动区域右下角的行号、列号	
	07H	当前页下滚	(AL)＝下滚的行数, (AL)＝00H,整个窗口空白 (BH)＝卷入行的属性 (CH)、(CL)＝滚动区域左上角的行号、列号 (DH)、(DL)＝滚动区域右下角的行号、列号	

续表

中断指令 （INT）	功能号 （AH）	功　　能	入　口　参　数	出　口　参　数
10H	08H	读光标位置的字符和属性	（BH）＝显示页号	（AH）＝属性 （AL）＝字符
	09H	在光标位置显示字符和属性	（BH）＝显示页号 （AL）/（BL）＝字符/属性 （CX）＝字符重复次数	
	0AH	在光标位置显示字符	（BH）＝显示页号，（AL）＝字符 （CX）＝字符重复次数	
	0BH	置彩色调色板	（BH）＝彩色调色板 ID （BL）＝和 ID 配套使用的颜色	
	0CH	写像素	（AL）＝像素值 （DX）＝行号（0～199） （CX）＝列号（0～639）	
	0DH	读像素	（DX）＝行号（0～199） （CX）＝列号（0～639）	（AL）＝像素值
	0EH	显示字符（光标前移）	（AL）＝字符 （BL）＝前景色，（BH）＝页号	
	0FH	取当前显示方式		（AL）＝显示方式 （AH）＝字符列数
	10H	置调色板寄存器（EGA/VGA）	（AL）＝00H，（BL）＝调色板号，（BH）＝颜色值	
	11H	装入字符发生器（EGA/VGA）	（AL）＝0H～4H，全部或部分装入字符点阵集 （AL）＝20H～24H，置图形方式显示字符集 （AL）＝30H，读当前字符集信息	
	12H	返回当前适配器设置的信息（EGA/VGA）	（BL）＝10H，子功能	（BH）＝00H，单色方式， （BH）＝01H，彩色方式， （BH）＝VRAM 容量（0＝64KB，1＝128KB…） （CH）＝特征位设置 （CL）＝EGA 的开关设置
10H	13H	显示字符串	（ES:BP）＝字符串地址 （AL）＝写方式（00H～03H）， （CX）＝字符串长度 （DH）/（DL）＝起始行/列， （BH）/（BL）＝页号/属性	

续表

中断指令（INT）	功能号（AH）	功　能	入　口　参　数	出　口　参　数
11H		取系统设备信息		（AX）＝返回值（位映像） 0：对应设备未安装 1：对应设备已安装
12H		取内存容量		（AX）＝内存容量（单位KB）
13H	00H	磁盘复位	（DL）＝驱动器号（00H,01H 为软盘,80H,81H,⋯为硬盘）	（AH）＝磁盘状态 失败：（AH）＝错误代码
13H	01H	读磁盘驱动器状态	（AL）＝扇区数	（AH）＝磁盘状态字节
13H	02H	读磁盘扇区	（AL）＝扇区数 （CH），（CL）＝磁道号,扇区号 （DH），（DL）＝磁头号,驱动器号 （ES:BX）＝数据缓冲区地址	成功：（AH）＝0,（AL）＝读取的扇区数 失败：（AH）＝错误代码（CF＝1）
13H	03H	写磁盘扇区	（AL）＝扇区数 （CH），（CL）＝磁道号,扇区号 （DH），（DL）＝磁头号,驱动器号 （ES:BX）＝数据缓冲区地址	成功：（AH）＝0,（AL）＝写入的扇区数 失败：（AH）＝错误代码（CF＝1）
13H	04H	检验磁盘扇区	（AL）＝扇区数 （CH），（CL）＝磁道号,扇区号 （DH），（DL）＝磁头号,驱动器号	成功：（AH）＝0,（AL）＝写入的扇区数 失败：（AH）＝错误代码（CF＝1）
13H	05H	格式化磁盘磁道	（AL）＝扇区数 （CH），（CL）＝磁道号,扇区号 （DH），（DL）＝磁头号,驱动器号 （ES:BX）＝格式化参数表指针	成功：（AH）＝0 失败：（AH）＝错误代码
14H	00H	初始化串行口	（AL）＝初始化参数 （DX）＝串行口号	（AH）＝通信口状态 （AL）＝调制解调器状态
14H	01H	向通信口写字符	（AL）＝字符 （DX）＝通信口号	$AH_{0\sim6}$＝通信口状态 AH_7＝0,表示成功 AH_7＝1,表示失败
14H	02H	从通信口读字符	（DX）＝通信口号	AH_7＝0,表示成功, （AL）＝字符 AH_7＝1,表示失败
14H	03H	取通信口状态	（DX）＝通信口号	（AH）＝通信口状态 （AL）＝调制解调器状态
16H	00H	从键盘读字节		（AH）＝输入字符扫描码 （AL）＝输入字符 ASCII 码

续表

中断指令 （INT）	功能号 （AH）	功　能	入　口　参　数	出　口　参　数
16H	01H	判有无输入（读键盘缓冲区字符）		ZF＝0 键盘有输入，（AL）＝字符码，（AH）＝扫描码 ZF＝1，键盘无输入，缓冲区空，等待
16H	02H	读取键盘状态字节		（AL）＝键盘状态字节
17H	00H	打印一个字符	（AL）＝字符，（DX）＝打印机号	（AH）＝打印机状态字节
17H	01H	初始化打印机口	（DX）＝打印机号	（AH）＝打印机状态字节
17H	02H	取打印机状态	（DX）＝打印机号	（AH）＝打印机状态字节
1AH	00H	读时钟		（CH：CL）＝时，分（BCD） （DH：DL）＝秒：1/100s（BCD）
1AH	01H	置时钟	（CH：CL）＝时，分（BCD） （DH：DL）＝秒：1/100s（BCD）	
1AH	06H	置报警时间	（CH：CL）＝时，分（BCD） DH＝秒（BCD）	CF＝1 供电时钟没有工作
1AH	07H	清除报警		闹钟被复位
33H	00H	鼠标复位	（AL）＝00H	（BX）＝鼠标的键数
33H	00H	显示鼠标光标	（AL）＝01H	显示鼠标光标
33H	00H	隐藏鼠标光标	（AL）＝02H	隐藏鼠标光标
33H	00H	读鼠标状态	（AL）＝03H	（BX）＝键状态 （CX）/（DX）＝鼠标水平/垂直位置
33H	00H	设置鼠标位置	（AL）＝04H，（CX）/（DX）＝鼠标水平/垂直水平	
33H	00H	设置图形光标	（AL）＝09H，（BX）/（CX）＝鼠标水平/垂直中心 （ES：DX）＝16×16 光标映像地址	
33H	00H	设置文本光标	（AL）＝0AH，（BX）＝光标类型 （CX）＝像素位掩码或起始扫描线 （DX）＝光标掩码或结束扫描线	设置的文本光标
33H	00H	读移动计数器	（AL）＝0BH	（CX）/（DX）＝鼠标水平/垂直距离
33H	00H	设置中断子程序	（AL）＝0CH，（CX）＝中断掩码 （ES：DX）＝中断服务程序的地址	

下面对平时应用较多的 10H 号显示功能调用和 16H 号键盘功能调用予以说明。

1. 10H 号显示功能调用

10H 号显示功能调用共有 16 个基本功能,利用它们可以在屏幕的指定位置上显示字符或图形。读写字符的操作是最常用的操作,功能号分别是 08H、09H、0AH、0EH、13H。它们的读写操作功能是不一样的,应该根据实际需要进行选择。例如,在不同光标位置读写单个字符及其属性时,选用 08H 和 09H 功能是比较合适的;而在当前光标处连续写若干个字符时应选用 0EH 功能,因为在这种操作方式下,每写一个字符光标自动移到下一个位置,免去了每次写字符前的光标定位操作;如果在指定坐标位置写字符串,并且要求字符串中的每个字符属性能够单独设置,则显然应该选择 13H 号功能。而在 0AH 号功能这种方式下,程序员无需考虑属性问题。

另外在文本模式下,一般使用 BL 指定字符属性,如图 1.38 所示。属性字节可以选择前景(显示的字符)和背景的颜色。前景有 16 种颜色可选择,背景有 8 种颜色可选择。

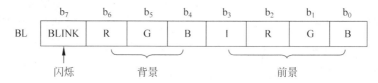

图 1.38 用 BH 指定字符属性

显示屏幕的背景颜色只能是表中 I 为 0 的 8 种颜色。表 1.3 是 16 种颜色的组合。程序调用的一般格式为:

```
MOV  AH,功能号
  ⋮                  ;设置"其他调用参数"
INT  10H
```

其中,"其他调用参数"的一般规律是:

- 要显示的字符或像素值通常在 AL 中;
- X 坐标(列号)   图形方式在 CX 中,字符方式在 DL 中;
- Y 坐标(行号)   图形方式在 DX 中,字符方式在 DH 中;
- 显示页号在 BH 中。

表 1.3   16 种颜色组合代码

颜色	I	R	G	B	颜色	I	R	G	B	颜色	I	R	G	B	颜色	I	R	G	B
黑	0	0	0	0	灰	1	0	0	0	红	0	1	0	0	浅红	1	1	0	0
蓝	0	0	0	1	浅蓝	1	0	0	1	品红	0	1	0	1	浅品红	1	1	0	1
绿	0	0	1	0	浅绿	1	0	1	0	棕	0	1	1	0	黄	1	1	1	0
青	0	0	1	1	浅青	1	0	1	1	灰白	0	1	1	1	白	1	1	1	1

2. 16H 号键盘 I/O 功能调用

16H 号键盘功能调用有三个功能,功能号分别为 0,1,2。

（1）（AH）＝0 功能：从键盘读一个字符送 AL 寄存器。

入口参数：（AH）＝0

出口参数：AL 中为键盘输入字符的 ASCII 码值。

（2）（AH）＝1 功能：确定键盘上是否已打入了字符。

入口参数：（AH）＝1

出口参数：标志位 ZF＝1,还未打入字符；

标志位 ZF＝0,已打入字符,AL 中为输入字符的 ASCII 码值。

（3）（AH）＝2 功能：读取特殊功能键的状态。

入口参数：（AH）＝2

出口参数：AL 中为各特殊功能键的状态,如图 1.39 所示。

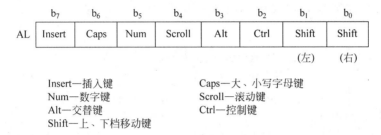

图 1.39 各特殊功能键状态

1.5.3 DOS、BIOS 功能调用方法

由于 DOS 和 BIOS 功能调用都是以软中断方式实现的,因此用户编程时,只要通过一条软中断指令 INT n 即可调用。若对应中断服务程序中包含多个功能模块,则先将功能号装入 AH 寄存器中以指定所需功能。

因此 DOS、BIOS 功能调用的使用方法如下：

（1）在 AH 寄存器中存入所要求调用功能的功能号；

（2）根据所调用功能的规定设置入口参数；

（3）用 INT n 指令转入软中断程序入口。

如调用的功能模块有出口参数,则在相应模块运行完后,可按规定取得出口参数。

下面举例说明 DOS、BIOS 功能调用的应用及调用方法。

例 1.2 以下程序段的功能是用 1 号 DOS 功能调用从键盘输入一个字符,若输入的字符为 Y,程序将转入标号为 YES 的子程序；若输入的字符为 N,则转入标号为 NO 的子程序；按其他键,程序就等待。

```
GETKEY:  MOV AH,1        ;功能号 1 存入 AH 寄存器中
         INT 21H         ;转入软中断程序入口
         CMP AL,'Y'      ;出口参数 AL 中是字符 Y 吗?
         JE YES          ;是,转 YES 子程序
         CMP AL,'N'      ;不是,AL 的内容是 N 吗?
         JE NO           ;是,转 NO 子程序
         JNE GETKEY      ;不是,转 GETKEY 等待
```

例 1.3　以下程序段的功能是利用 0AH 号 DOS 功能调用从键盘读入一串字符,并把它存入用户定义的缓冲区中。

按 0AH 号功能模块要求,事先应定义一个输入缓冲区,缓冲区的第一个字节指出缓冲区能容纳的字符的个数,不能为 0;第二个字节保留,是实际输入字符的个数,由程序自动添入;从第三个字节开始存放从键盘上接收的字符,直至按回车键为止(注意回车符 0DH 也要占用一个字节)。因此整个缓冲区的字节空间应为最大字符数(包括回车在内)加 2。若实际输入的字符数少于定义的字节数,缓冲区内其余字节添零,若多于定义的字节数,则后来输入的字符丢掉,且响铃。

假设键入的字符串为"By broods too broad for Leaping↙",则在数据区定义的字符缓冲区的语句如下:

```
MAX  DB  34              ;缓冲区能容纳字符的个数
     DB  ?               ;实际输入字符的个数
STR  DB  32 DUP(?)
```

输入字符串的指令如下:

```
LEA  DX,MAX             ;DX = 缓冲区首址
MOV  AH,0AH             ;
INT  21H
```

这些指令执行完后,MAX 开始的缓冲区内存储的数据将如图 1.40 所示。

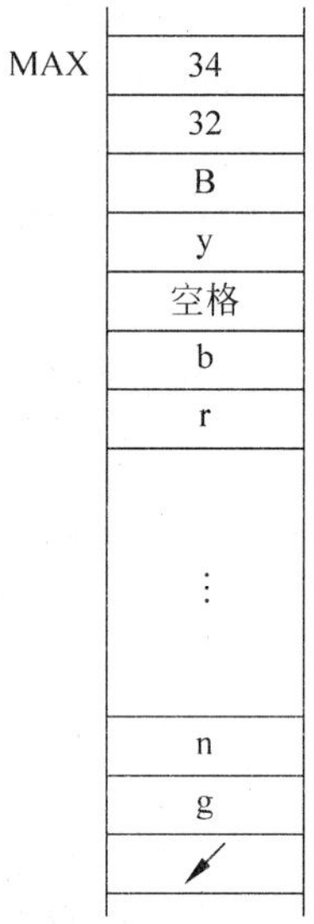

图 1.40　缓冲区存储数据示意图

例 1.4　显示字符串"The sort opration is finished"。

显示字符串的任务可用 9 号 DOS 功能实现。该功能调用要求,DS:DX 必须指向内存中一个以'$'作为结束标志的字符串。相应程序段如下:

```
MES  DB  'The sort opreration is finished',0AH,0DH,'$'
     MOV  AH,9
     MOV  DX,SEG MES
     MOV  DS,DX
     MOV  DX,OFFSET MES
     INT  21H
```

程序段执行完后,在屏幕上显示如下字符串:

The sort opreration is finished

例 1.5　在显示器上循环显示字符 0～9,为显示清晰,要求字符之间都有一个空格。

本程序可利用 2 号功能调用,这是向显示器输出一个字符的子程序。为了使输出字符间有间隔,在每个循环中,输出一个 0～9 的字符和空格。要输出 0～9,只要使一个寄存器(例如 BL)的初值为 0,每循环一次使其增量,为了保证是十进制数,增量后要用 AAA 指令调整,为了保证始终是一位十进制数,用 AND 0FH 指令屏蔽掉高 4 位。程序如下:

```
START:  MOV   AX,DATA
        MOV   DS,AX
        MOV   BL,0                    ;设置初始值
        MOV   CX,10
GOON:   MOV   DL,20H                  ;20H,空格
        MOV   AH,2                    ;AH=2 显示器输出
        INT   21H
        MOV   AL,BL
        AAA                           ;十进制调整
        OR    AL,30H                  ;把十进制数转换为 ASCII 码
        MOV   DL,AL                   ;输出数字
        MOV   AH,02H
        INT   21H
        PUSH  CX
        MOV   CX,0FFFFH               ;延时
AG:     LOOP  AG
        POP   CX
        INC   BL
        JMP   GOON
```

例 1.6　设置光标到 0 页的(15,25)位置,并以正常属性显示一个笑脸符。

可用 10H 号显示功能调用的(AH)=2 设置光标位置,用(AH)=9 来写字符。

```
MOV   AH,2                    ;设置光标的位置
MOV   BH,0                    ;0 页
MOV   DH,15                   ;设置光标的行坐标
MOV   DL,25                   ;设置光标的列坐标
INT   10H
MOV   AH,9                    ;写字符
MOV   AL,1                    ;笑脸符 01H 送至 AL 中
MOV   BH,0                    ;0 页
MOV   BL,7                    ;正常属性,黑底白字
MOV   CX,1                    ;字符重复一次
INT   10H
```

例 1.7　在屏幕上开一个窗口。左上角的坐标为(0,0),右下角的坐标为(24,39),反相显示。该窗口相当于全屏幕的左半部分。

本程序可利用 10H 号显示功能调用的(AH)=7 开窗口。

```
MOV   AH,7                    ;下卷功能
MOV   AL,0                    ;清屏(卷动的行数由 AL 的值指定,(AL)=0,滚动整个窗口)
MOV   BH,70H                  ;反相显示,白底黑字
MOV   CH,0                    ;设置左上角的行
MOV   CL,0                    ;设置右上角的列
MOV   DH,24                   ;设置左下角的行
MOV   DL,39                   ;设置右下角的列
INT   10H
```

例 1.8　在品红背景下,显示五个黑色闪烁的星号。

本程序可利用 10H 号显示功能调用的(AH)=9 来写闪烁的字符。

```
        MOV   AH,9                  ;显示字符
        MOV   AL,'*'               ;星号的 ASCII 码值送至 AL
        MOV   BH,0                  ;0 页
        MOV   BL,50H;               ;背景为品红,字符为黑色
        MOV   CX,5                  ;重复 5 次
        INT   10H
```

例 1.9 查询是否有 Ctrl-C 键按下。有键按下,则返回 DOS。

本程序可利用 16H 号键盘 I/O 功能调用来判断是否有键按下和读取键值,这个例子是一个典型的应用。

```
NEXT:   MOV   AH,1                  ;检查有否键按下
        INT   16H                   ;16H 功能调用
        JZ    NEXT                  ;Z = 1,没有键按下,继续查询
        MOV   AH,0
        INT   16H
        CMP   AL,03                 ;有,是 Ctrl-C 键吗?
        JNZ   NEXT                  ;不是,继续查键
        MOV   AH,4CH
        INT   21H
```

1.6 建立中断入口地址的方法

中断是 CPU 和外部设备进行输入/输出的有效方法,是一种使 CPU 中止正在执行的程序而转去处理特殊事件的操作。这些引起中断的事件称为中断源,它们可能是来自外设的输入/输出请求,也可能是计算机的一些异常事故或其他内部原因。由外设控制器或协处理器引起的中断一般称为外中断,由程序中安排的中断指令 INT 产生的中断,或由 CPU 的某种错误结果产生的中断称为内中断。

80x86 微机系统硬中断过程受 8259A 中断控制器控制。PC/XT 通过一个 8259A 管理 8 级中断,PC/AT 及以上微机通过两个 8259A 级联管理 15 级中断。AT 以上微机各级中断源 $IRQ_0 \sim IRQ_{15}$ 的中断类型码(中断向量号)及其中断分配见书后附录 B 的"系统中断"。

系统内 8259A 的中断初始化是在系统上电后由 BIOS 例行程序完成的。

当中断源有中断请求时,CPU 响应中断时便从总线上获得对应中断向量号,并经一定处理后从中断向量表中取出中断向量(即段地址和段内偏移地址)作为中断服务程序的入口地址,而转去执行中断服务程序。因此编写用户的中断服务程序时,必须先将中断向量填入系统的中断向量表中来建立中断入口地址。

1.6.1 用户中断向量的设置

设置中断向量可用两种方法:一种是用传送指令来设置,另一种是用 DOS 功能调用来设置。但要说明的是,无论用那种方法设置,如果新的中断功能只供自己使用,或用自

已编写的中断处理程序代替系统中的中断处理功能,要注意在设置自己的中断向量时,应先保存原中断向量再设置新的中断向量,并在程序结束之前恢复原中断向量。现通过举例来说明如何用这两种方法设置中断向量。

1. 用传送指令设置

```
        MOV    AX,0
        MOV    ES,AX
        MOV    BX,N * 4              ；N 代表中断向量号
        MOV    AX,OFFSET INTHAND     ；INTHAND 代表中断服务程序首地址
        MOV    ES:[BX],AX
        MOV    AX,SEG INTHAND
        MOV    ES:[BX + 2],AX
        ...
INTHAND:
        ...
        IRET
```

2. 使用 DOS 功能调用(21H)设置

设置中断向量

把由 AL 指定的中断类型的中断向量 DS:DX 放置在中断向量表中。

预置：(AH) = 25H
　　　(AL) = 中断类型号
　　　(DS:DX) = 中断向量
执行：INT　21H

取中断向量

把由 AL 指定的中断类型的中断向量从中断向量表中取到 ES:BX 中。

预置：(AH) = 35H
　　　(AL) = 中断类型号
执行：INT　21H
返回时：(ES:BX) = 中断向量

使用 DOS 功能调用来设置中断向量的例子如下：

```
        ...
        CLI
        MOV  AL,N                ；送中断类型码
        MOV  AH,35H              ；取系统的中断向量
        INT  21H
        PUSH ES
        PUSH BX
        PUSH DS
        MOV  AX,SEG INTHAND
        MOV  DS,AX
        MOV  DX,OFFESET INTHAND
        MOV  AL,N                ；送中断类型码
```

```
        MOV  AH,25H                    ;置用户的中断向量
        INT  21H
        POP  DS
        STI
        ...
        POP  DX
        POP  DS
        MOV  AL,N
        MOV  AH,25H                    ;恢复系统的中断向量
        INT  21H
        RET

INTHAND:
        ...
        IRET
```

1.6.2 对 8259 的开中断(中断允许)/关中断(中断屏蔽)控制

在 80x86 微机系统中,系统的开中断/关中断是由指令 STI 和 CLI 来实现的。8259 芯片的中断允许和中断屏蔽是通过 OCW1 操作命令字来实现的。OCW1 的某位为 1,则相应的中断源被屏蔽;为 0,则中断被开放。在 80x86 微机中,OCW1 的口地址是 21H。

例如,用户程序只允许日时钟 IRQ_0、键盘 IRQ_1 和用户 IRQ_2 三级中断,则可以通过以下程序段实现。

```
CLI                     ;关中断
IN   AL,21H             ;取出原系统屏蔽字
PUSH AX                 ;保存系统屏蔽字
MOV  AL,0F8H            ;设置用户屏蔽字
OUT  21H,AL             ;送入口地址 21H
...
POP  AX                 ;在结束程序返回 DOS 前恢复系统屏蔽字
OUT  21H,AL
```

因为在实验中采用的是硬中断方式,故在通过向中断向量表中写入中断向量来建立中断入口地址时,应首先用 CLI 指令来关中断,以防中断向量还未写好,就被优先级更高的其他中断所打断,导致出错。

假设保留原设置的中断屏蔽,同时打开 IRQ_2 的中断屏蔽,则设置用户屏蔽字的指令应为:

```
AND  AL,0FBH
OUT  21H,AL
```

1.6.3 建立中断入口地址示例

假如一个中断请求通过 ISA 总线的 IRQ_9 端输入,编好的中断服务程序是

INTPROC,则其完整的源程序如下：

```
                .MODEL  SMALL
                .DATA
                KEEP21  DB ?
                KEEPA1  DB ?
                .STACK
                .CODE
START:          MOV   AX,@DATA         ;设置数据段
                MOV   DS,AX
                CLI                    ;关闭系统中断
                MOV   AH,35H
                MOV   AL,71H           ;送 IRQ9 类型码 71H
                INT   21H              ;取原系统中断向量
                PUSH  BX               ;保存原系统中断向量
                PUSH  ES
                PUSH  DS
                MOV   AX,SEG INTPROC    ;送用户中断向量
                MOV   DS,AX
                MOV   DX,OFFSET INTPROC
                MOV   AH,25H            ;DOS 功能调用
                MOV   AL,71H            ;送 IRQ9 类型码 71H
                INT   21H
                POP   DS
                IN    AL,0A1H
                MOV   KEEPA1,AL
                MOV   AL,0FDH           ;开 IRQ9 中断源
                OUT   0A1H,AL
                IN    AL,21H
                MOV   KEEP21,AL         ;保存原屏蔽字
                AND   AL,0F9H           ;开 IRQ1 和 IRQ2 中断源
                OUT   21H,AL
                STI                    ;开系统中断
                ...                    ;主程序
                MOV   AL,KEEP21H        ;恢复原中断屏蔽字
                OUT   21H,AL
                POP   DS
                POP   DX
                MOV   AH,25H
                MOV   AL,71H            ;恢复原中断向量
                INT   21H
                MOV   AH,4CH            ;返回 DOS
                INT   21H
;用户中断服务程序
INTPROCPROC     FAR
                STI；开中断
                PUSH  AX               ;保存会发生变化的寄存器
                PUSH  BX
                PUSH  DS
                MOV   AX,@DATA          ;置用户数据段
                MOV   DS,AX
```

```
                    ...
            MOV   AL,20H
            OUT   20H,AL
            OUT   0A0H,AL           ; 发 EOI 命令给级联的 8259
            POP   DS                ; 恢复寄存器
            POP   BX
            POP   AX
            IRET                    ; 中断返回
INTPROC   ENDP
          END  START
```

第2部分

推荐的基本实验

2.1 汇编语言程序的建立与执行实验

1. 实验目的

（1）掌握在 FASM 环境下用基本指令编写、调试、执行程序的方法。

（2）熟悉汇编语言程序的编程环境及其处理过程、处理方法。

（3）加深对一些常用指令或疑难指令的理解。

2. 实验任务

（1）用传送指令将 ASCII 码字符串中的第 1 个和第 7 个字符传送给 DX 寄存器。已知 ASCII 码字符串（包括空格符）依次存储在首地址为 STRING 的字节单元中，即：

```
STRING  DB  'BASED ADDRESSING'
```

（2）请编写 DATA1 中的 4 位组合的 BCD 数码与 DATA2 中的 4 位组合的 BCD 数码相加的程序。（算术运算指令）

（3）编写程序段，将 SOURCE 中的 20 个字符移到 DETIN 中，假设 DS 和 ES 都初始化为同一数据段。（串操作指令）

（4）在内存中有一个以 BUF 为首址的 N 个字数组，要求测试其中正数、负数和 0 的个数。正数的个数放在 SI 中，0 的个数放在 DI 中，负数的个数放在 BX 中，如果有负数则显示"HAVE"。（程序控制指令）

3. 实验设备与器材

80x86 系列微机一台。

4. 实验准备

完成本实验需要 2 学时。实验前要求学生：

（1）预习 80x86 汇编语言的寻址方式和指令系统。

（2）预习在 FASM 环境下使用基本指令编写、调试、执行程序，单步执行程序和设断点执行程序的方法。

5. 实验参考方案

根据实验要求，实验方案自定。

2.2　汇编语言程序设计实验

1. 实验目的

熟练掌握汇编语言程序设计的基本方法、汇编程序的使用和目标程序的调试方法。

2. 实验任务

（1）算术运算类实验

任务 A：求两个组合 BCD 码的和。要求被加数和加数以组合 BCD 码（低位在前，高位在后）分别存放在 DATA1 和 DATA2 为首的 5 个内存单元中，结果送回 DATA1 处。

任务 B：实现十进制数的乘法，要求被乘数和乘数均以 ASCII 码的形式存放在内存中。被乘数存放在以 FIRST 单元开始的 5 个单元中，乘数存放在 SECOND 单元中一个字节，乘积在屏幕上显示出来。

（2）码制转换类实验

任务 A：把从键盘输入的多位十进制数转换为二进制数，存放在 BIN 单元开始的内存单元中。

任务 B：把存放在 BIN 单元中的二进制数转换为十进制数，在屏幕上显示出来。

（3）搜索、排序类实验

任务 A：设有 n 个 16 位数存在变量名 BUFFER 开始的内存中，要求把这 n 个数按递减的次序重存于该内存区中。

任务 B：将 n 个 32 位数存在变量名 BUFFER 开始的内存中，要求把这 n 个数按递增的次序重存于该内存区中。

（4）字符匹配类实验

任务 A：用串操作指令设计程序。要求在长度为 256 个字节的存储区中寻找空格字符（空格的 ASCII 码为 20H），退出时给出是否找到的信息。

任务 B：要求在长度为 512 个字节的存储区中寻找字符 A 的个数，若找到，则显示出找到的个数，否则显示没找到的信息。

3. 实验设备与器材

80x86 系列微机一台。

4. 实验准备

完成本实验需要 2 学时。

实验前要求学生：复习有关 80x86 汇编语言程序的结构、语句格式和汇编语言程序设计的一般方法。按照实验任务要求及提示的设计思想，画出实验程序流程图，编写程序。

5. 任务 A 实验参考方案

（1）算术运算类实验任务 A 参考方案

根据题意可以用循环结构来完成。首先循环次数送 CL 寄存器，在循环体中依次把被加数和加数的最低位取出来做加法，由于加数和被加数都是 BCD 码，所以做完加法后要对结果进行调整。然后再判断循环次数是否为 0，不为 0 继续执行循环体，为 0 则把结果送 DATA1 单元。参考程序如下。

```
        .MODEL SMALL
        .DATA
        DATA1 DB 11H,22H,33H,44H,55H
        DATA2 DB 66H,77H,88H,99H,00H
        .STACK
        .CODE
START:  MOV   AX,@DATA
        MOV   DS,AX
        MOV   SI,OFFSET DATA1        ；被加数的有效地址送至 SI
        MOV   DI,OFFSET DATA2        ；加数的有效地址送至 DI
        CLC
        MOV   CL,5                   ；循环次数送至 CL 寄存器
NEXT:   MOV   AL,[SI]                ；取被加数
        ADC   AL,[DI]
        DAA
        MOV   [SI],AL                ；结果送至 DATA1 处
        INC   SI
        INC   DI
        LOOP  NEXT
        MOV   AL,0
        ADC   AL,0
        MOV   [SI],AL
        MOV   AH,4CH
        INT   21H
        END   START
```

（2）码制转换类实验任务 A 参考方案

把十进制数转换为二进制数程序的基本思想是用 DOS 的 01H 号功能调用从键盘输入一个 ASCII 码表示的十进制数（小于 65536），并依次对每位用 ASCII 码表示的十进制数进行转换，遇到回车符结束。参考程序如下：

```
CRLF    MACRO                       ；宏定义
        MOV   AH,02H
        MOV   DL,0AH                 ；换行
        INT   21H
        MOV   AH,02H
        MOV   DL,0DH                 ；回车
```

```
            INT     21H
ENDM
.MODEL    SMALL
.DATA
BUFFER    DW    0
BIN       DW    0
DECNUM    DB 5 DUP(?),0AH,0DH,'$'
SHOW1     DB 'Please input in number'
          DB '(less then 65535):',0AH,0DH,'$'
SHOW2     DB 'The result is',0AH,0DH,'$'
.STACK
.CODE
START:    MOV     AX,@DATA
          MOV     DS,AX
          MOV     BIN,0                    ;字缓冲区清 0
          LEA     DX,SHOW1                 ;显示提示信息
          MOV     AH,09H
          INT     21H
INPUT:    MOV     AH,01H                   ;从键盘读入一个字符
          INT     21H
          CMP     AL,0DH                   ;判断是否为回车符
          JZ      SAVBIN
          AND     AL,0FH                   ;不是,屏蔽掉高 4 位
          MOV     AH,0
          CALL    MUL10                    ;调用乘 10 子程序
          ADD     BUFFER,AX                ;加上新接收的数字
          JMP     INPUT                    ;继续接收下一位
SAVBIN:   CRLF
          MOV     AX,BUFFER
          MOV     BIN,AX                   ;保存二进制数至 BIN 单元
          MOV     AH,4CH
          INT     21H

MUL10     PROC                             ;乘 10 子程序
          MOV     BX,BUFFER
          SHL     BX,1
          MOV     DX,BX
          MOV     CL,2
          SHL     DX,CL
          ADD     BX,DX
          MOV     BUFFER,BX
          RET
MUL10     ENDP
          END     START_
```

（3）搜索、排序类实验任务 A 参考方案

这个程序采用的是冒泡排序算法,从第一个数开始依次对相邻两个数进行比较,如次序对则不做任何操作,次序不对则使这两个数交换位置。参考程序如下。

```
        DISP  MACRO                        ;定义显示宏
             ADD    DL,30H
```

```
                MOV     AH,02H
                INT     21H
        ENDM
        .MODEL   SMALL
        .DATA
        DATA1 DW  7818H,4662H,2449H,9257H,3137H,8456H
        BUF     DW      ?
        KEY     DB      0
.CODE
START: MOV     AX,@DATA
        MOV     DS,AX
        MOV     BX,(BUF-DATA1)/2        ;元素的个数送至 BX 中
AGN:    MOV     DL,1                    ;交换标志置 1
        MOV     KEY,DL
        DEC     BX
        JZ      OVER
        MOV     CX,BX
        MOV     SI,OFFSET DATA1
AGN1:   MOV     AX,WORD PTR[SI]
        CMP     AX,[SI+2]
        JAE     NEXT                    ;如果第一个数大于第二个数,转 NEXT
        XCHG    AX,[SI+2]               ;否则,交换
        MOV     [SI],AX                 ;大数送到前一个单元
        MOV     DX,0                    ;交换标志清 0
        MOV     KEY,DL                  ;交换标志保存在 KEY 单元
NEXT:   INC     SI                      ;取下一个数
        INC     SI
        LOOP    AGN1
        MOV     DL,KEY
        CMP     DL,0
        JE      AGN
OVER:   MOV     CX,(BUF-DATA1)/2        ;元素个数送至 CX,把排好序的数显示出来
        MOV     SI,OFFSET DATA1         ;取第一个数
OVER1:  MOV     BX,0F000H               ;要显示的数为 16 位
        PUSH    CX
        MOV     CL,16
        MOV     AX,[SI]
NEXT1:  MOV     [BUF],AX
        AND     AX,BX
        SUB     CL,4
        PUSH    CX
        MOV     CL,4
        SHR     BX,CL
        POP     CX
        SHR     AX,CL
        MOV     DL,AL
        DISP
        MOV     AX,[BUF]
        CMP     CL,0
        JNZ     NEXT1
        MOV     DL,' '
```

```
        MOV    AH,02H
        INT    21H
        POP    CX
        INC    SI
        INC    SI
        LOOP   OVER1
        MOV    AH,4CH
        INT    21H
        END    START
```

（4）字符匹配类实验任务 A 参考方案

这个程序采用了串操作指令，进行字符匹配，参考程序如下：

```
.MODEL  SMALL
.DATA
STR1   DB '请输入段地址',0DH,0AH,'$'
STR2   DB '请输入偏移量',0DH,0AH,'$'
STR3   DB '找到',0DH,0AH,'$'
STR4   DB '没找到',0DH,0AH,'$'
STR5   DB 'WRONG INPUT!        REIUPUT',0DH,0AH,'$'
COUNT EQU 100H
.CODE
START:  MOV    AX,@DATA                  ;定义数据段
        MOV    DS,AX
        MOV    DX,OFFSET STR1            ;显示"请输入段地址"
        MOV    AH,09H
        INT    21H
        CALL   GETNUM                    ;调用子程序
        MOV    ES,DX                     ;把读取的段值送至 ES 中
        MOV    AH,09H
        MOV    DX,OFFSET STR2            ;显示"请输入偏移量"
        INT    21H
        CALL   GETNUM                    ;调用子程序
        MOV    DI,DX                     ;把读取的偏移量送至 DI 中
        CLD
        MOV    CX,COUNT                  ;计数长度送至 CX 中
        MOV    AL,20H
        REPNE  SCASB                     ;寻找空格字符
        JZ     FOU                       ;找到,转 FOU
        MOV    AH,09H                    ;显示"没找到"信息
        MOV    DX,OFFSET STR4
        INT    21H
        JMP    EXIT
FOU:    MOV    AH,09H                    ;显示"找到"信息
        MOV    DX,OFFSET STR3
        INT    21H
EXIT:   MOV    AH,4CH                    ;返回 DOS
        INT    21H
GETNUM  PROC                            ;GETNUM 子程序
        PUSH   AX                        ;保存寄存器
        PUSH   CX
```

```
LL11:    MOV    DX,0
GET:     MOV    AH,01H              ;读取键入地址值的 ASCII 码送至 AL 中
         INT    21H
         CMP    AL,0DH              ;判断是否为回车符
         JZ     HC
         CMP    AL,20H              ;判断是否为空格键
         JZ     HC
         CMP    AL,30H              ;判断是否为数字 0~9
         JB     CC
         CMP    AL,39H
         JBE    JIA1
         CMP    AL,'A'              ;判断是否为字母 A~F
         JB     CC                 ;小于 A 错
         CMP    AL,'F'
         JBE    JIA2
         CMP    AL,'a'              ;判断是否为字母 a~f
         JB     CC
         CMP    AL,'f'
         JBE    JIA3
         JMP    CC
JIA1:    SUB    AL,30H              ;将本次键入的数字转换成 16 进制数
         JMP    LL10
JIA2:    SUB    AL,37H              ;将键入的 A~F 转换成 16 进制数
         JMP    LL10
JIA3:    SUB    AL,57H              ;将键入的 a~f 转换成 16 进制数
LL10:    MOV    CL,4               ;DX 乘以 16 与当前输入值相加
         SHL    DX,CL
         ADD    DL,AL
         JMP    GET
CC:      MOV    AH,09H              ;显示"输入出错"信息
         MOV    DX,OFFSET STR5
         INT    21H
         JMP    LL11               ;重新输入
HC:      PUSH   DX
         MOV    DL,0DH              ;回车换行
         MOV    AH,02H
         INT    21H
         MOV    DL,0AH
         INT    21H
         POP    DX                 ;恢复寄存器
         POP    CX
         POP    AX
         RET                       ;返回
GETNUM   ENDP
         END    START
```

2.3 存储器扩展实验

1. 实验目的

熟练掌握微机系统内存储器的扩展方法。

2. 实验任务

任务 A：在 80x86 微型计算机上扩展 8K 字节的 SRAM。扩展存储器的地址为 D8000H～D9FFFH。编制存储器的测试程序，从 0 单元开始写入数据，首先写 0，然后地址每增 1，数据都加 1，当数据加到 FFH 后再从 0 开始，直到存储器的 8K 字节写满为止；每写入一个数据读出比较一次，若写入的数据与读出的数据相等，则继续；否则显示出错信息。

任务 B：在 80x86 微型计算机上扩展 8K 字节的 SRAM。扩展存储器的地址为 DA000H～DBFFFH。编制程序，从 0 单元开始写入数据，偶数地址写入 0AAH，奇数地址写入 55H，写满 8K 字节，每写入一个数据读出比较一次，若写入的数据与读出的数据相等，则继续；否则显示出错信息；若全部写入的数据与读出的数据都相等，则显示正确信息。

3. 实验设备与器材

(1) 80x86 系列微机一台。
(2) 微机硬件实验平台。
(3) 存储器芯片 6264(或 6116)及基本门电路若干。

4. 实验准备

完成本实验需要 2 学时。实验前要求学生：
(1) 预习存储器 6264(或 6116)芯片的使用方法。
(2) 预习存储器扩展的方法，了解 80x86 系列微机的内存空间分配规则。
(3) 设计存储器扩展的接口电路，画出连线图。
(4) 根据实验任务要求，画出实验程序流程图，编写源程序。

5. 任务 A 实验参考方案

设选用 6264 作为扩展的 8K 字节的 SRAM 芯片，于是硬件连接如图 2.1 所示。地址线 A_{12}～A_0 用于 SRAM 芯片 6264 的片内地址选择；译码器对高位地址线 A_{19}～A_{13} 进行译码，产生 D8000H～D9FFFH 的片选地址；存储器的读/写信号 $\overline{OE}$ 和 $\overline{WE}$ 分别接至 ISA 总线的存储器读/写线 $\overline{MEMR}$ 和 $\overline{MEMW}$ 上。

参考程序如下：

```
DATA    SEGMENT
   MESS1   DB 'Right!$'
   MESS2   DB 'Wrong!$'
DATA    ENDS
CODE    SEGMENT
   ASSUME  CS:CODE,DS:DATA
START:  MOV   CX,2000H          ;存储单元个数为 2000H
        MOV   AX,0D800H
        MOV   DS,AX             ;扩展存储器段地址 0D800H 送 DS
```

```
        MOV     BX,0                    ;偏移地址为0000H
        MOV     AL,0                    ;AL赋0
LOOP1：  MOV     [BX],AL                 ;AL内容写入存储单元
        MOV     DL,[BX]                 ;读存储单元内容
        CMP     AL,DL                   ;比较读写内容
        JNZ     WRONG
        INC     AL
        INC     BX
        LOOP    LOOP1
        MOV     AX,DATA                 ;显示正确信息
        MOV     DS,AX
        MOV     DX,OFFSET MESS1
        JMP     DISP
WRONG：  MOV     AX,DATA                 ;读和写内容不等则显示出错信息
        MOV     DS,AX
        MOV     DX,OFFSET MESS2
DISP：   MOV     AH,9
        INT     21H
        MOV     AH,4CH                  ;返回DOS
        INT     21H
CODE    ENDS
        END     START
```

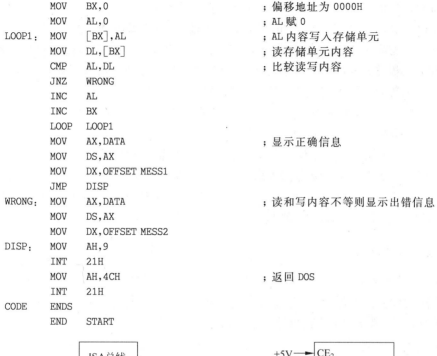

图 2.1　存储器 6264 扩展实验参考框图

要说明的是,若在 I/O 地址空间扩展 6264,则存储器的读写信号$\overline{OE}$和$\overline{WE}$应分别接至 ISA 总线的 I/O 读写信号$\overline{IOR}$和$\overline{IOW}$上。

2.4　I/O 端口地址扩展实验

1. 实验目的

(1) 了解 80x86 微型计算机 I/O 口地址的分配。

(2) 掌握 I/O 口地址扩展的基本方法及检查 I/O 端口的方法。

2. 实验任务

任务 A：在 80x86 微机系统的 I/O 地址空间内扩展 3 个 8 位 I/O 端口(A 口、B 口和

C口),端口地址分别为210H、230H、240H。要求:

(1) A口为输入端口,B口为输出端口,C口为输入/输出端口。

(2) 编程首先从A口输入数据(数据由实验台上的逻辑电平开关提供),然后从B口输出驱动发光二极管;再对C口分别写入0AAH、55H,并分别读出与写入数据比较,如比较结果全部相等,显示OK信息,否则显示出错信息。

任务B:在80x86微机系统的I/O地址空间内扩展3个8位I/O端口(A口、B口和C口),端口地址分别为200H、213H、232H。要求:

(1) B口为输入端口,C口为输出端口,A口为输入/输出端口。

(2) 编程首先从B口输入数据(数据由实验台上的逻辑电平开关提供),然后从C口输出驱动发光二极管;再对A口分别写入0H、0FFH,并分别读出与写入数据比较,如比较结果全部相等,显示OK信息,否则显示出错信息。

3. 实验设备与器材

(1) 80x86系列微机一台。

(2) 微机硬件实验平台。

(3) 锁存器、译码器及基本门电路若干。

4. 实验准备

完成本实验需要2学时。实验前要求学生:

(1) 预习I/O接口的基本原理。

(2) 设计I/O接口地址扩展实验电路,画出连线图。

(3) 根据实验任务要求,画出实验程序流程图,编写源程序。

5. 任务A实验参考方案

硬件连接如图2.2所示。地址线 $A_9 \sim A_0$ 通过地址译码产生接口芯片的片选信号;接口芯片的读/写信号分别与ISA总线的$\overline{\text{IOR}}$或$\overline{\text{IOW}}$信号相连。相应的参考程序如下:

```
.MODEL SMALL
.DATA
ERROR    DB      'ERROR',0DH,0AH,'$'
OK       DB      'OK',0DH,0AH,'$'
.CODE
START:   MOV     AX,@DATA
         MOV     DS,AX
         MOV     DX,210H            ;从A口读入数据
         IN      AL,DX
         MOV     DX,230H            ;B口输出
         OUT     DX,AL
         MOV     BL,0AAH
         MOV     AL,BL
         MOV     DX,240H            ;由C口写入0AAH
         OUT     DX,AL
         IN      AL,DX             ;读C口
```

```
        CMP    AL,BL              ;写入的数据与输出的数据比较
        JNZ    ERROR             ;不等,转出错处理
        MOV    BL,55H            ;由 C 口写入 55H
        MOV    AL,BL
        OUT    DX,AL
        IN     AL,DX             ;读 C 口
        CMP    AL,BL
        JNZ    ERROR
        MOV    DX,OFFSET OK
        MOV    AH,9
        INT    21H
        JMP    EXIT
ERROR:  MOV    DX,OFFSET ERROR   ;显示出错信息
        MOV    AH,9
        INT    21H
EXIT:   MOV    AH,4CH
        INT    21H
        END    START
```

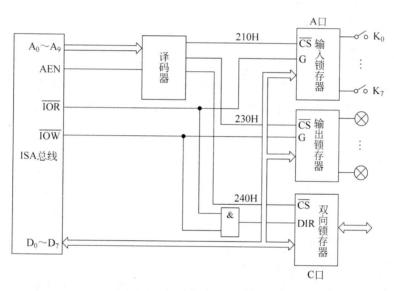

图 2.2　I/O 口扩展实验硬件电路

2.5　中断机理认知实验

1. 实验目的

正确理解 CPU 响应外设中断的过程和中断屏蔽等概念。熟练掌握 80x86 实地址方式下中断向量表的填写方法。

2. 实验任务

任务 A：中断请求通过 ISA 总线的 IRQ₃ 端输入,中断源用实验箱的单脉冲源代替。

编写程序,要求每次 CPU 响应外部中断 IRQ$_3$ 时显示字符串"THIS IS A 8259A INTERTUPT!"(或显示其他字符串)。中断十次后,程序返回 DOS。

任务 B:中断请求通过 ISA 总线的 IRQ$_7$ 端输入,中断源用实验箱的单脉冲源代替。编写程序,要求每次 CPU 响应外部中断 IRQ$_7$ 时显示字符串"THIS IS A 8259A INTERTUPT!"(或显示其他字符串)。计算机键盘有键按下,程序返回 DOS。

3. 实验设备与器材

(1) 80x86 系列微机一台。
(2) 微机硬件实验平台。

4. 实验准备

完成本实验需要 2 学时。实验前要求学生:
(1) 预习有关中断的基本概念和理论知识。
(2) 查阅 PC 系列机中断向量表。
(3) 根据实验任务要求,编写源程序。

5. 任务 A 实验参考方案

此实验基于 DLE-KD 微机硬件实验平台。中断请求信号用单脉冲代替,接于 ISA 总线的 IRQ$_3$,其对应中断类型码为 0BH。软件程序主要包括中断向量表的填写和中断服务程序设计。参考程序如下:

```
.MODEL SMALL
.DATA
   PLIS   DB 'This is a 8259a interrupt',0AH,0DH,'$'
   OCW1   DB   ?
.CODE
START：  MOV    AX,@DATA
         MOV    DS,AX
         CLI
         MOV    AX,350BH          ;设置 DOS 功能号(35H)和中断类型码(0BH)
         INT    21H               ;用 35H 号 DOS 功能调用读原系统中断向量
         PUSH   BX                ;保存
         PUSH   ES
         PUSH   DS
         MOV    AX,SEG M59        ;设置新的中断向量
         MOV    DS,AX
         MOV    DX,OFFSET M59
         MOV    AX,250BH
         INT    21H
         POP    DS
         IN     AL,21H            ;保存系统的屏蔽字
         MOV    OCW1,AL
         AND    AL,0F7H           ;设置新的屏蔽字,开放 IRQ₃ 中断
         OUT    21H,AL
```

```
          MOV     BX,10
          STI                           ; 开中断
l1:       NOP
          CMP     BX,0                  ; 已响应 10 次中断
          JNZ     L1
          MOV     AL,OCW1               ; 是,恢复屏蔽字
          OR      AL,08H                ; 关 IRQ3 中断
          OUT     21H,AL
          POP     DS                    ; 恢复系统中断向量
          POP     DX
          MOV     AX,250BH
          INT     21H
          MOV     AH,4CH                ; 返回 DOS
          INT     21H
M59       PROC    FAR                   ; 中断服务程序
          PUSH    AX
          PUSH    BX
          PUSH    DS
          PUSH    DX
          STI
          MOV     AX,@DATA
          MOV     DS,AX
          MOV     DX,OFFSET PLIS        ; 显示提示信息
          MOV     AH,9
          INT     21H
          MOV     AL,20H                ; 发中断结束命令
          OUT     20H,AL
          POP     DX
          POP     DS
          POP     BX
          POP     AX
          DEC     BX                    ; 响应 1 次中断,BX 减 1
          IRET                          ; 中断返回
M59       ENDP
          END     START
```

2.6 8259 扩展实验

1. 实验目的

（1）掌握 8259 中断控制器的工作原理以及初始化编程的方法。

（2）掌握微机系统中通过增加 8259 来扩展中断请求线的方法。

（3）理解对微机系统外部扩展中断请求的响应和处理的过程,并学会中断服务程序的编写及装载方法。

2. 实验任务

任务 A：在 PC 系列微机中断系统的基础上,用外接 8259 的方式将总线上的 IRQ_n 扩

展为多个中断源(IRQ$_n$为系统留给用户使用的任一中断请求信号线)。具体要求:

(1) 将 3 个中断源分别通过外接 8259 的 IR$_0$、IR$_1$ 和 IR$_2$ 引脚引入中断控制器。

(2) 当有中断发生时,在主机屏幕上显示出相应的中断序号和有中断发生的提示信息。

(3) 实验时可以用三个钮子开关的 0 和 1 状态来模拟中断源,中断请求用边沿触发。

任务 B:在 PC 系列微机中断系统的基础上,用外接 8259 的方式将总线上的 IRQ$_n$ 扩展为多个中断源(IRQ$_n$为系统留给用户使用的任一中断请求信号线)。具体要求:

(1) 将 3 个中断源分别通过外接 8259 的 IR$_5$、IR$_6$ 和 IR$_7$ 引脚引入中断控制器。

(2) 当有中断发生时,在主机屏幕上显示出相应的中断序号和有中断发生的提示信息。

(3) 实验时可以用三个钮子开关的 0 和 1 状态来模拟中断源,中断请求用电平触发。

3. 实验设备与器材

(1) 80x86 系列微机一台。

(2) 微机硬件实验平台。

(3) 8259 中断控制器芯片和其他外围芯片。

(4) 若干常规 IC 芯片。

4. 实验准备

完成本实验需要 6 学时。实验前要求学生:

(1) 复习中断的概念和原理。

(2) 复习 8259 的引脚特性、内部结构和初始化编程的方法。

(3) 重温中断向量表中中断入口地址的设置方法。

(4) 设计并画好硬件实验电路,编写源程序。

5. 任务 A 实验参考方案

8259 的硬件扩展电路如图 2.3 所示。工作原理是:当 8259 的 IRQ$_0$～IRQ$_2$ 中至少有一个发出中断请求,且 8259 中没有寄存更高优先级的中断时,8259 通过系统总线的 IRQ$_3$ 向 CPU 发出中断请求,若 CPU 响应此中断,则在中断服务程序中通过查询方式判决应为之服务的请求源,并显示其中断序号。相应参考程序如下:

```
.MODEL    SMALL
.DATA
PORT0    EQU    210H
PORT1    EQU    211H
OCW1     DB ?
.CODE
START:   MOV    AX,DATA
         MOV    DS,AX
         CLI
         MOV    AX,350BH        ;读系统的中断向量
```

```
        INT     21H
        PUSH    BX                      ;保存系统的中断向量
        PUSH    ES
        PUSH    DS
        MOV     AX,SEG M59
        MOV     DS,AX
        MOV     DX,OFFSET M59
        MOV     AX,250BH                ;设置新的中断向量
        INT     21H
        POP     DS
        MOV     AL,13H                  ;写 ICW1,边沿触发,单片,要 ICW4
        MOV     DX,PORT0
        OUT     DX,AL
        JMP     SHORT $ + 2
        MOV     AL,03H                  ;写 ICW2
        INC     DX
        OUT     DX,AL
        MOV     AL,09H                  ;写 ICW4,从控制器缓冲方式
        OUT     DX,AL
        IN      AL,21H                  ;读系统屏蔽字,保存
        MOV     OCW1,AL
        AND     AL,0F7H                 ;设置主片屏蔽字
        OUT     21H,AL
        MOV     AL,0F8H                 ;设置扩充片屏蔽字
        MOV     DX,PORT1
        OUT     DX,AL
L1:     STI
        MOV     AH,01
        INT     16H
        JZ      L1
        MOV     AH,0
        INT     16H
        CMP     AL,0DH                  ;判断是否为回车符
        JNZ     L1
        MOV     AL,OCW1                 ;恢复系统的屏蔽字
        OR      AL,08H
        OUT     21H,AL
        POP     DS
        POP     DX
        MOV     AX,250BH                ;恢复系统的中断向量
        INT     21H
        MOV     AH,4CH
        INT     21H
M59     PROC    FAR                     ;中断服务程序
        CLI
        PUSH    AX
        PUSH    DX
        MOV     AX,DATA
        MOV     DS,AX
        MOV     DX,0000
        MOV     BH,0
```

```
        MOV     AH,02H
        INT     10H
        MOV     DX,PORT0        ;写 OCW3,向附加片发查询命令
        MOV     AL,0EH
        OUT     DX,AL
        JMP     SHORT $ + 2
CHE：   IN      AL,DX           ;读 0 口
        TEST    AL,80H          ;测试状态字 D₇ 位
        JNS     CHE             ;D₇≠1,转 CHE
        CMP     AL,80H          ;测试 D₂D₁D₀ 值
        JZ      IT
        CMP     AL,81H
        JZ      IT1
        CMP     AL,82H
        JZ      IT2
        JMP     EXIT
IT：    MOV     DL,'0'
        JMP     JS9
IT1：   MOV     DL,'1'
        JMP     JS9
IT2：   MOV     DL,'2'
JS9：   MOV     AH,02H
        INT     21H
EXIT：  MOV     AL,20H
        MOV     DX,PORT0
        OUT     DX,AL
        MOV     AL,20H
        OUT     20H,AL          ;发中断结束命令
        POP     DX
        POP     AX
        IRET
M59     ENDP
CODE    ENDS
        END     START
```

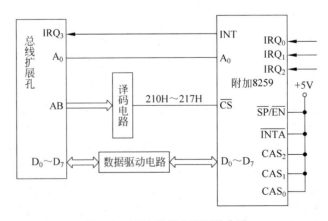

图 2.3　8259 扩展实验硬件电路

2.7　8255 并行接口实验

1. 实验目的

正确理解 8255 的基本输入/输出方式(方式 0)和应答式输入/输出方式(方式 1)的工作原理,熟练掌握 8255 输入/输出的两种 I/O 同步控制方式和 8255 的应用连接方法。

2. 实验任务

任务 A: 在 PC 系列微机系统中扩充一个 8255A-5 可编程输入/输出并行接口芯片,并用它完成 8255 的基本应用实验,要求完成:

(1) 方式 0。基本输入输出实验,要求 8255 的 B 口作为输入端口(数据由实验台上的逻辑电平开关提供),A 口作为输出端口,接发光二极管。

(2) 方式 1。选通输入中断传送实验。要求 8255 的 B 口作为输入端口(接逻辑电平开关)工作于方式 1,A 口作为输出端口(接发光二极管)工作于方式 0。选通输入端接实验台上的单脉冲源,中断请求信号接 IRQ_3。

任务 B: 在 PC 系列微机系统中扩充一个 8255A-5 可编程输入/输出并行接口芯片,并用它完成 8255 的基本应用实验,要求完成:

(1) 方式 0。基本输入输出实验,要求 8255 的 A 口作为输入端口(数据由实验台上的逻辑电平开关提供),B 口作为输出端口,接发光二极管。

(2) 方式 1。选通输入中断传送实验。要求 8255 的 A 口作为输入端口(接逻辑电平开关),工作于方式 1,B 口作为输出端口(接发光二极管)工作于方式 0。选通输入端接实验台上的单脉冲源,中断请求信号接 IRQ_7。

3. 实验设备与器材

(1) 80x86 系列微机一台。
(2) 微机硬件实验平台。
(3) 8255 并行接口芯片和其他外围芯片。
(4) 若干常规 IC 芯片。

4. 实验准备

完成本实验需要 2 学时。实验前要求学生:
(1) 复习 8255 并行接口芯片的工作原理。
(2) 复习 8255 芯片的引脚特性、内部结构。
(3) 设计地址译码电路并画好硬件实验电路。
(4) 复习 8255 并行接口的初始化编程的方法并编写好实验程序。

5. 任务 A 实验参考方案

(1) 方式 0。基本输入输出实验

电路连接如图 2.4 所示。8255 的 A 口输出,$PA_7 \sim PA_0$ 接发光二极管,B 口输入,

$PB_7 \sim PB_0$ 接逻辑电平信号 $K_1 \sim K_7$；若 8255 工作于方式 0 无条件输入输出时，不使用 C 口；若 B 口采用方式 0 下的有条件应答式输入时，C 口高 4 为输入，PC_4 接一负单脉冲信号作为外部输入的选通信号 $\overline{STB}$，PC_0 接一发光二极管作为 8255 响应 $\overline{STB}$ 的应答信号 $\overline{ACK}$。

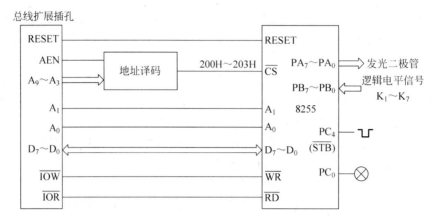

图 2.4　8255 方式 0 实验电路

采用方式 0 无条件输入/输出时的参考程序如下：

```
.MODEL  SMALL
.STACK
.DATA
MODE  EQU  82H              ;8255 方式控制字
.CODE
START:  MOV   AX,@DATA
        MOV   DS,AX
        MOV   AL,MODE        ;写 8255 控制字：方式 0
        MOV   DX,203H
        OUT   DX,AL
NEXT:   MOV   DX,201H        ;从 B 口输入逻辑电平
        IN    AL,DX
        MOV   DX,200H        ;从 A 口输出逻辑电平驱动发光二极管
        OUT   DX,AL
        MOV   AH,1           ;判断有无键按下
        INT   16H
        JZ    NEXT           ;无,继续输入
        MOV   AH,4CH
        INT   21H
        END   START
```

采用有条件应答式传送时，必须查询到外部负单脉冲加在 PC_4 时，才能从 B 口读入逻辑电平通过 A 口输出。参考程序如下：

```
.MODEL SMALL
.STACK
.DATA
MODE   EQU    8AH                  ;A 口和 C 口低 4 位方式 0 输出
```

```
                                      ;B口和C口高4位方式0输入
.CODE
START:  MOV   AX,@DATA
        MOV   DS,AX
        MOV   AL,MODE         ;写方式控制字:方式0查询
        MOV   DX,203H
        OUT   DX,AL
        MOV   AL,0            ;PC0=0,发光二极管灭,指示允许送数
        OUT   DX,AL
NEXT:   MOV   DX,202H         ;读C口状态
        IN    AL,DX
        TEST  AL,10H          ;测试PC4,是否有STB选通信号
        JNZ   NEXT            ;若无,则继续查PC4口
        MOV   AL,1            ;若有则使PC0=1,点亮发光二极管,指示不允许送数
        MOV   DX,203H
        OUT   DX,AL
        MOV   DX,201H         ;读B口数据
        IN    AL,DX
        MOV   DX,200H
        OUT   DX,AL           ;从A口输出数据,驱动发光二极管
        MOV   AL,0            ;PC0=0,发光二极管灭,指示允许送数
        MOV   DX,203H
        OUT   DX,AL
        MOV   AH,1
        INT   16H            ;读键盘状态
        JZ    NEXT           ;若无按键,则继续查询PC4状态
        MOV   AH,4CH
        INT   21H
        END   START
```

(2) 方式 1。选通输入中断传送实验

电路连接如图 2.5 所示。A 口方式 0 输出,$PA_7 \sim PA_0$ 接发光二极管;B 口方式 1 输入,$PB_7 \sim PB_0$ 接逻辑电平信号 $K_1 \sim K_7$;PC_1 接发光二极管,用以显示输入缓冲器满 IBF 的状态信号。PC_2 接一负脉冲源,作为 B 口方式 1 输入的选通信号 $\overline{STB}$,用于指示逻辑电平有效;PC_0 接至系统总线的中断请求信号 IRQ_3 上,当外部数据被 8255 锁存时向 CPU

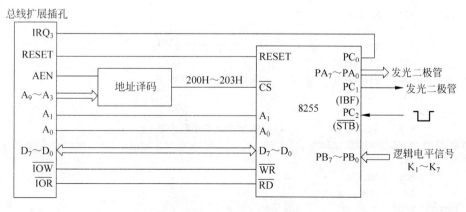

图 2.5　8255 方式 1 实验电路

发中断请求,CPU 响应中断时从 B 口读取逻辑电平通过 A 口输出。

完成上述功能的参考程序如下:

```
         .MODEL SMALL
         .STACK
         .DATA
            KEEP   DB ?
            MODE   EQU 86H              ;方式控制字
         .CODE
START:   MOV    AX,@DATA
         MOV    DS,AX
         CLI
         MOV    AL,MODE                 ;A 口方式 0 输出,B 口方式 1 输入
         MOV    DX,203H
         OUT    DX,AL
         MOV    AH,35H
         MOV    AL,0BH
         INT    21H                     ;读系统原中断向量
         PUSH   BX                      ;保存系统原中断向量
         PUSH   ES
         PUSH   DS
         MOV    AX,SEG INTPROC          ;设置中断服务程序入口地址
         MOV    DS,AX
         MOV    DX,OFFSET INTPROC
         MOV    AH,25H
         MOV    AL,0BH
         INT    21H
         POP    DS
         IN     AL,21H
         MOV    KEEP,AL                 ;保存系统原中断屏蔽字
         AND    AL,0F7H
         OUT    21H,AL                  ;置系统中断屏蔽字:开 IRQ₃
         MOV    AL,05H                  ;PC₂ 置 1,开 INTE
         MOV    DX,203H
         OUT    DX,AL
         STI
NEXT:    MOV    AH,01H
         INT    16H                     ;读键盘
         JZ     NEXT                    ;若无按键,则继续读键盘
         MOV    AL,KEEP
         OUT    21H,AL                  ;恢复系统中断屏蔽字
         POP    DS
         POP    DX
         MOV    AH,25H                  ;恢复系统原中断向量
         MOV    AL,0BH
         INT    21H
         MOV    AH,4CH
         INT    21H
INTPROC  PROC   FAR
         PUSH   AX
```

```
            PUSH    DX
            MOV     DX,201H              ;读 B 口数据
            IN      AL,DX
            MOV     DX,200H
            OUT     DX,AL               ;A 口输出数据
            MOV     AL,20H              ;发中断结束命令
            OUT     20H,AL
            POP     DX
            POP     AX
            IRET                        ;中断返回
INTPROC ENDP
            END     START
```

2.8 8250 串行接口实验

1. 实验目的

熟练掌握 8250 串行接口芯片与 CPU 的连接方法,8250 的初始化编程,以及用查询式和中断式进行输入/输出的应用编程方法。

2. 实验任务

任务 A:在实验箱上外接一片 8250 串行接口芯片,波特率为 9600bps,用查询方式实现 PC 机自发自收数据的实验:在微机键盘上输入一个字符并利用串行口发送出去,当微机接收到该数据后立即在屏幕上显示出来。当按下 Esc 键时返回 DOS。

任务 B:用两台微机通过各自的实验箱上外接的 8250 串行接口芯片,实现在一台微机键盘上输入的字符显示在另一台微机的屏幕上。当按下 Esc 键时返回 DOS。

3. 实验设备与器材

(1) 80x86 系列微机一台。

(2) 微机硬件实验平台。

(3) 8250 串行接口芯片。

(4) 若干常规 IC 芯片。

4. 实验准备

完成本实验需要 2 学时。实验前要求学生:

(1) 复习 8250 串行接口芯片的工作原理。

(2) 复习 8250 串行接口芯片的引脚特性、内部结构和初始化编程方法。

(3) 设计并画好硬件实验电路。

(4) 编写好实验程序。

5. 任务 A 实验参考方案

硬件连接如图 2.6 所示。数据发送和接收既可用查询方式,又可用中断方式。查询

方式进行串行通信的基本思路是：CPU 循环连续读取串行口的状态，根据当前的状态来判定是否要接收或发送一个字符。一般查询式通信由查询发送和查询接收两部分组成，它们可以分别进行也可以交叉进行，而通常查询接收的优先级应该高于查询发送的优先级。

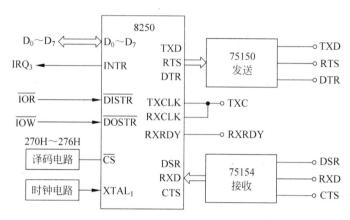

图 2.6　8250 串行接口实验硬件电路

完成上述功能的参考程序如下：

```
.MODEL SMALL
.DATA                                ;8250 查询方式
BUFF   DB   ?
XIAN1  DB   'ERROR',0AH,0DH,'$'
BASE   EQU  270H                     ;8250 基地址
.CODE
START: MOV    AX,@DATA
       MOV    DS,AX
       MOV    DX,BASE + 3
       MOV    AL,80H                 ;LCR 的 DLAB = 1(允许访问除数寄存器)
       OUT    DX,AL
       MOV    DX,BASE                ;设置波特率,写除数寄存器低位
       MOV    AL,06h                 ;波特率 = 9600bps
       OUT    DX,AL
       INC    DX
       MOV    AL,0
       OUT    DX,AL                  ;写除数寄存器高位
       MOV    DX,BASE + 3            ;设置通信数据格式
       MOV    AL,00000111B           ;正常中止,无校验,2位停止位,传送 8 位数据位
       OUT    DX,AL
       MOV    DX,BASE + 4            ;写 MODEM 控制寄存器
       MOV    AL,13H                 ;自发自收,LOOP = 1
       OUT    DX,AL
       MOV    DX,BASE + 1            ;写中断允许寄存器
       MOV    AL,00H                 ;屏蔽中断,用查询方式
       OUT    DX,AL
BB:    MOV    DX,BASE + 5            ;读线路状态寄存器
       IN     AL,DX
       TEST   AL,1EH                 ;判断是否出错
```

```
        JNZ     CHUCUO                  ; 出错,转出错处理
        TEST    AL,01H                  ; 判断接收缓冲器是否为满
        JNZ     JIE                     ; 满,转接收处理
        TEST    AL,20H                  ; 判断发送保持器是否为空
        JZ      BB                      ; 发送保持器不空,转 BB
        MOV     AH,01H                  ; 键盘输入字符
        INT     21H
        CMP     AL,1BH                  ; 判断是否为 Esc 键
        JE      EXIT                    ; 是 Esc 键,退出
        MOV     DX,BASE                 ; 发送字符
        OUT     DX,AL
        JMP     BB                      ; 继续接收发送
CHUCUO: MOV     DX,OFFSET XIAN1
        MOV     AH,09H
        INT     21H
        JMP     BB
JIE:    MOV     DX,BASE                 ; 读接收缓冲器
        IN      AL,DX
        MOV     DL,AL                   ; 从屏幕输出该字符
        MOV     AH,02H
        INT     21H
        JMP     BB                      ; 继续接收或发送
EXIT:   MOV     AH,4CH
        INT     21H
        END     START
```

2.9 8253/8254 定时器/计数器实验

1. 实验目的

在微机系统尤其是在实时计算机测控系统中,经常需要为微处理器和 I/O 设备提供实时时钟和计数的功能,以实现定时中断、定时检测、定时显示和扫描以及一些计数控制的操作。本实验是采用可编程的定时器/计数器 8253/8254 芯片来完成定时/计数功能的实验,通过本实验,使学生:

(1) 加深对可编程定时器/计数器的基本功能及工作原理的理解。

(2) 了解 8253/8254 的六种工作方式及初始化编程的方法。

(3) 初步掌握 8253/8254 定时器/计数器在接口电路中的应用方法。

2. 实验任务

任务 A:要求扩展一片 8253/8254 芯片,通道 0 工作在方式 3,要求输出 1kHz 方波;通道 1 工作在方式 4,用 OUT。作计数脉冲,计数值为 1000,计数到 0 向 CPU 发中断请求,CPU 响应这一中断后继续写入计数值 1000,重新开始计数,保持 1s 向 CPU 发出一次中断请求,每进入一次中断,变量 MESS 加 1,并显示变量值。设计出硬件电路,并编写程序。

任务 B:要求扩展一片 8253 芯片,通道 1 工作在方式 3,要求输出 1kHz 方波;通道 2

工作在方式2,用 OUT_1 作为通道2的时钟输入,并使通道2按10分频工作,设计出硬件电路,并编写程序。用示波器观察 OUT_1 及 OUT_2 的周期和脉冲宽度,验证设计的正确性。

3. 实验设备与器材

（1）80x86 系列微机一台。
（2）微机硬件实验平台。
（3）双踪示波器。
（4）8253/8254 定时器/计数器芯片和其他外围芯片。
（5）若干常规 IC 芯片。

4. 实验准备

完成本实验需要 2 学时。实验前要求学生：
（1）复习 8253/8254 定时器/计数器的工作原理。
（2）复习 8253/8254 定时器/计数器的引脚特性、内部结构和初始化编程的方法。
（3）设计并画好硬件实验电路。
（4）编写好实验程序。

5. 任务 A 实验参考方案

硬件电路如图 2.7 所示。8254 芯片的通道 0～通道 2 和控制字端口接 210H～213H。$CLK_0 = 1MHz$,OUT_0 接 CLK_1,OUT_1 接中断请求信号 IRQ_3。参考程序如下：

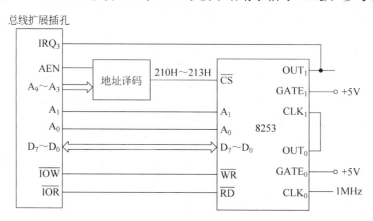

图 2.7　8253 硬件电路参考图

```
.MODEL   SMALL
.DATA
MESS DB '0','$'
.CODE
START:  MOV    AX,@DATA
        MOV    DS,AX
        CLI
        MOV    AX,350BH              ;读系统原有中断向量
```

```
            INT     21H
            PUSH    BX                          ;保存系统原有中断向量
            PUSH    ES
            PUSH    DS
            MOV     AX,SEG INTPROC              ;以下填写新的中断向量
            MOV     DS,AX
            MOV     DX,OFFSET INTPROC
            MOV     AX,250BH
            INT     21H
            POP     DS
            IN      AL,21H
            MOV     AH,0
            PUSH    AX                          ;保存系统中断屏蔽字
            AND     AL,0F7H
            OUT     21H,AL                      ;写中断屏蔽字
            MOV     AL,36H                      ;写控制字,计数器0方式3,二进制计数
            MOV     DX,213H
            OUT     DX,AL
            MOV     AX,1000                     ;写计数器0计数初值
            MOV     DX,210H
            OUT     DX,AL                       ;先写低8位
            MOV     AL,AH                       ;写高8位
            OUT     DX,AL
            MOV     AL,78H                      ;计数器1方式4,二进制计数
            MOV     DX,213H
            OUT     DX,AL
            MOV     AX,1000                     ;写计数器1计数初值
            MOV     DX,211H
            OUT     DX,AL                       ;先写低8位
            MOV     AL,AH                       ;写高8位
            OUT     DX,AL

NEXT2:      MOV     AH,1                        ;判断是否有按键
            INT     16H
            JZ      NEXT2
            MOV     AH,00
            INT     16H
            CMP     AL,1BH                      ;判断是否为Esc键
            JNE     NEXT2
            POP     AX
            OUT     21H,AL                      ;恢复系统中断屏蔽字
            POP     DS
            POP     DX
            MOV     AX,250BH                    ;恢复系统原中断向量
            INT     21H
            MOV     AH,4CH                      ;返回DOS
            INT     21H
INTPROC PROC FAR                               ;中断服务程序
            PUSH    AX
            PUSH    DS
            MOV     AX,@DATA
```

```
        MOV     DS,AX
        MOV     AX,1000             ；写计数器 1 计数初值
        MOV     DX,211H
        OUT     DX,AL               ；先写低 8 位
        MOV     AL,AH               ；写高 8 位
        OUT     DX,AL
        INC     MESS
        MOV     AH,9
        MOV     DX,OFFSET MESS
        INT     21H
        MOV     AL,20H              ；发中断结束命令字
        OUT     20H,AL
        POP     DS
        POP     AX
        IRET                        ；中断返回
INTPROC ENDP
        END     START
```

2.10 实时电子时钟实验

1. 实验目的

熟练掌握 8253/8254 与 CPU 的连接特性,理解 8253/8254 的定时器/计数器工作原理和计数初值的计算方法,提高综合运用 8253/8254 和 8259 解决实际问题的能力。

2. 实验任务

任务 A：利用 8253/8254 和 8259 芯片实现一个具有时、分、秒计时功能的实时电子时钟。要求用通道 0 产生周期为 10ms 的方波,时钟的小时为十二进制显示。

任务 B：利用 8253/8254 和 8259 芯片实现一个具有时、分、秒计时功能的实时电子时钟。要求用通道 2 产生周期为 1s 的方波,时钟的小时为二十四进制显示。

3. 实验设备与器材

(1) 80x86 系列微机一台。

(2) 微机硬件实验平台。

(3) 8253/8254、8259 接口芯片各一片。

(4) 基本 TTL 电路芯片若干。

4. 实验准备

完成本实验需要 4 学时。实验前要求学生:

(1) 复习 8253/8254 和 8259 接口芯片的工作原理和初始化编程的方法。

(2) 复习 8253/8254 和 8259 接口芯片的引脚特性和内部结构。

(3) 根据实验任务,画出实验电路的硬件连线图。

(4) 编写好实验程序。

5. 任务 A 实验参考方案

本实验基于 DLE-KD 型微机硬件实验平台,硬件电路如图 2.8 所示。8253 的 GATE$_0$ 接高电平,CLK$_0$ 接 1MHz 的时钟信号,OUT$_0$ 与微机总线上的 IRQ$_3$ 相连接,输出周期为 10ms 的周期性定时信号,以每隔 10ms 的间隔向微机发一次中断请求。在中断服务程序中分别设置 10ms、秒、分和时计数器。CPU 响应一次中断,10ms 计数器加 1,当计数器计满 100 时,10ms 计数器清零,秒计数器加 1,计满 60s,秒计数器清零,分计数器加 1,计满 60min,分计数器清零,时计数器加 1,计满 12h,时计数器清零。

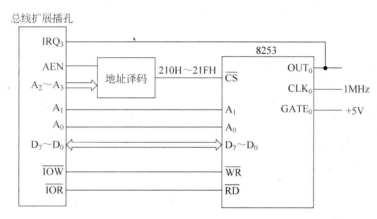

图 2.8 电子时钟实验硬件电路

假定时间显示放在主程序中,当秒计数器值改变时显示。程序如下:

```
.MODEL SMALL
.STACK
.DATA
STR  DB  11,?,'00:00:00$ $ '
SEC10MS  DB  0                      ;10ms 计数器
BASE  EQU  210H
.CODE
START: MOV   AX,@DATA
       MOV   DS,AX
       CLI
       LEA   DX,STR               ;输入初始时间
       MOV   AH,0AH
       INT   21H
       MOV   AX,350BH             ;读系统原有中断向量
       INT   21H
       PUSH  BX                   ;保存系统原有中断向量
       PUSH  ES
       PUSH  DS
       MOV   AX,SEG INTPROC       ;以下填写新的中断向量
       MOV   DS,AX
       MOV   DX,OFFSET INTPROC
       MOV   AX,250BH
       INT   21H
```

```
        POP     DS
        IN      AL,21H
        MOV     AH,0
        PUSH    AX                      ; 保存系统中断屏蔽字
        AND     AL,0F7H
        OUT     21H,AL                  ; 写中断屏蔽字
        MOV     DX,BASE + 3             ; 初始化 8253
        MOV     AL,34H                  ; 通道 0 方式 2 二进制计数
        OUT     DX,AL
        MOV     DX,BASE
        MOV     AX,10000                ; 计数初值 = 10ms/1μs = 10000
        OUT     DX,AL                   ; 先写低 8 位
        MOV     AL,AH
        OUT     DX,AL                   ; 再写高 8 位
        MOV     AH,06H                  ; 清屏
        MOV     AL,0
        MOV     BH,7
        MOV     CX,0
        MOV     DH,24
        MOV     DL,79
        INT     10H
        STI
NEXT1:  MOV     DX,0AAH                 ; 设置光标位置
        MOV     BH,0
        MOV     AH,02H
        INT     10H
        LEA     DX,STR + 2              ; 输出时间显示
        MOV     AH,09H
        INT     21H
        MOV     AH,1                    ; 判断是否有按键
        INT     16H
        JZ      NEXT12
        MOV     AH,00
        INT     16H
        CMP     AL,1BH                  ; 判断是否为 Esc 键
        JNE     NEXT12
        POP     AX
        OUT     21H,AL                  ; 恢复系统中断屏蔽字
        POP     DS
        POP     DX
        MOV     AX,250BH                ; 恢复系统原中断向量
        INT     21H
        MOV     AH,4CH                  ; 返回 DOS
        INT     21H
INTPROC PROC    FAR                     ; 中断服务程序
        PUSH    AX
        PUSH    DS
        MOV     AX,@DATA
        MOV     DS,AX
        STI
        INC     SEC10MS
```

```
        CMP     SEC10MS,100             ; 判断是否满 100(1s)
        JNZ     NEXT3
        MOV     SEC10MS,0               ; 10ms 计数器清零
        ADD     STR + 9,1
        CMP     STR + 9,39H             ; 秒个位是否小于等于 9
        JBE     NEXT3
        MOV     STR + 9,30H             ; 秒个位清零
        ADD     STR + 8,1
        CMP     STR + 8,36H             ; 秒十位是否小于 6
        JB      NEXT3
        MOV     STR + 8,30H             ; 秒十位清零
        ADD     STR + 6,1
        CMP     STR + 6,39H             ; 分个位是否小于等于 9
        JBE     NEXT3
        MOV     STR + 6,30H             ; 分个位清零
        ADD     STR + 5,1
        CMP     STR + 5,36H             ; 分十位是否小于 6
        JB      NEXT3
        MOV     STR + 5,30H             ; 分十位清零
        ADD     STR + 3,1
        CMP     STR + 3,39H             ; 时个位是否大于 9
        JA      NEXT4
        CMP     STR + 3,33H             ; 时个位是否等于 3
        JNZ     NEXT3
        CMP     STR + 2,31H             ; 时十位是否等于 1
        JNZ     NEXT3
        MOV     STR + 2,30H             ; 时十位清零
        MOV     STR + 3,31H             ; 时个位置 1
        JMP     NEXT3
NEXT4：  MOV     STR + 3,30H             ; 时个位清零
        ADD     STR + 2,1
NEXT3：  MOV     AL,20H                  ; 发中断结束命令字
        OUT     20H,AL
        POP     DS
        POP     AX
        IRET                            ; 中断返回
INTPROC ENDP
        END   START
```

2.11　交通信号灯实时控制系统设计实验

1. 实验目的

现代城市交通日益拥挤,为保证交通安全,防止交通堵塞,使城市交通井然有序,交通信号灯在城市交通管理中的作用越来越重要。通过本实验,旨在使学生:

(1) 掌握交通信号灯实时控制系统的设计思路与实现方法。

(2) 掌握定时器/计数器和并行接口在实时控制系统中的应用。

(3) 加深对定时器/计数器和并行接口芯片的工作方式和编程方法的了解。

（4）加深对中断机理及其应用方法的了解。

2. 实验任务

任务 A：设计制作一个交通信号灯实时控制系统。要求：

（1）在一个十字路口的一条主干道和一条支干道上分别装上一套红绿灯；用钮子开关模拟十字路口的车辆检测传感器信号。

（2）在一般情况下，主干道上的绿灯常亮，而支干道上总是红灯。

（3）当检测到支干道上来车时（用按键开关模拟），主干道的绿灯转为黄灯，持续 4s 后，又变为红灯，同时支干道由红灯变为绿灯。

（4）支干道绿灯亮后，或者检测到主干道上来了 3 辆车（用 3 个钮子开关模拟），或者虽未来 3 辆车，但绿灯已持续了 25s，则支干道立即变为黄灯，4s 后转为红灯，同时主干道由红灯变为绿灯。

任务 B：在定时交通灯控制的基础上，增加允许急救车优先通过的要求。当有急救车到达时，路口的信号灯全部变红，以便让急救车通过。假定急救车通过时间为 10s，急救车通过后，交通灯恢复先前状态。

3. 实验设备与器材

（1）80x86 系列微机一台。
（2）微机硬件实验平台。
（3）定时器/计数器和并行接口芯片。
（4）按键开关 1 个，钮子开关 3 个及红、黄、绿发光二极管若干。

4. 实验准备

完成本实验需要 6 学时。实验前要求学生：
（1）复习并行接口和定时器/计数器的工作原理与使用方法。
（2）学习交通信号灯控制系统的运行及控制机理。
（3）画出实验系统的硬件电路连线图。
（4）编写好实验程序。

5. 任务 A 实验参考方案

根据系统要求，微机需要检测 3 个开关送来的主、支干道车辆到达的信号，并按一定的条件发出主、支干道 6 个信号灯的控制信号。显然，用一片 8255 足以满足上述要求。例如，可对 8255 各端口作如下安排：令端口 A 工作于方式 0 的无条件数据输出方式，用以控制交通灯的亮灭；端口 B 工作于方式 1 的输入方式，并设置为允许中断；将端口 C 的 PC_2 接到一个负脉冲源上，使得每按一下按钮表示支干道上有一辆车过来，而将 PC_0 接到中断请求线上，使得当支干道上有车来时，由中断请求线向 CPU 发出中断，CPU 响应中断后发出控制信号来控制主、支干道交通灯变换状态。端口 C 的高 4 位用作输入口，从 PC_7、PC_6、PC_5 接入 3 个钮子开关，当钮子开关打到高电平时，表示主干道有车辆到来。有关定时计数的功能，可以采用 8253 计数器/定时器结合中断服务程序计数的方法来实现。比如,可设想用 8253 来产生秒时钟信号,为此可以设置 8253 的定时器 0 工作于方式 3(方波方式),定时器 1 工作于方式 2(分频方式),并将定时器 0 的输出端接到定时器 1 的时钟输入端。这样,可以做到让定时器 0 每隔 10ms 向定时器 1 发出一个计数脉冲,而当定时器 1 计满 100 个数时,向主机发出一次中断请求信号,于是就实现了每隔 1s 发出一次中断请求的功能。然后在中断服务程序中对秒信号做相应的计数。

综上所述,交通灯实验系统的硬件电路如图 2.9 所示。

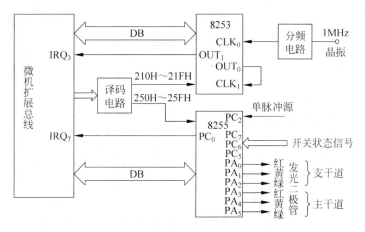

图 2.9　交通灯实验的硬件电路设计图

完成上述交通灯控制功能的参考程序如下:

```
.MODEL SMALL
.STACK
.DATA
        SAVECS1 DW ?
        SAVEIP1 DW ?
        SAVECS2 DW ?
        SAVEIP2 DW ?
        KEEP DB ?
        MODE EQU 8FH
.CODE
START:  MOV    AX,@DATA
        MOV    DS,AX
        CLI
        MOV    AH,35H
        MOV    AL,0BH
        INT    21H                      ;保存系统 IRQ3 原中断向量
        MOV    SAVEIP1,BX
        MOV    SAVECS1,ES
        PUSH   DS
        MOV    AX,SEG INTPROC1          ;计数中断服务程序入口地址
        MOV    DS,AX
        MOV    DX,OFFSET INTPROC1
        MOV    AH,25H
        MOV    AL,0BH
        INT    21H
```

```
        POP   DS
        MOV   AH,35H
        MOV   AL,0CH
        INT   21H                    ; 保存系统 IRQ4 原中断向量
        MOV   SAVEIP2,BX
        MOV   SAVECS2,ES
        PUSH  DS
        MOV   AX,SEG INTPROC2        ; 交通灯控制服务程序入口地址
        MOV   DS,AX
        MOV   DX,OFFSET INTPROC2
        MOV   AH,25H
        MOV   AL,0CH
        INT   21H
        POP   DS
        MOV   AL,MODE                ; 写 8255 方式控制字
        MOV   DX,253H
        OUT   DX,AL
        MOV   DX,213H                ; 初始化 8253 通道 0 工作方式
        MOV   AL,36H
        OUT   DX,AL
        MOV   DX,210H
        MOV   AX,2710H               ; 通道 0 计数值
        OUT   DX,AL
        MOV   AL,AH
        OUT   DX,AL
        MOV   DX,213H                ; 初始化 8253 通道 1 工作方式
        MOV   AL,54H
        OUT   DX,AL
        MOV   DX,211H
        MOV   AL,64H                 ; 通道 1 计数值
        OUT   DX,AL
        MOV   AL,05H                 ; PC2 口置 1: 开 INTE
        MOV   DX,253H
        OUT   DX,AL
        IN    AL,21H
        MOV   KEEP,AL                ; 保存系统中断屏蔽字
        AND   AL,0E7H
        OUT   21H,AL                 ; 设置中断屏蔽字
        MOV   CX,0                   ; 送计数初值
        STI
NEXT1:  MOV   AL,00001100B           ; 8255 口送红绿灯信号(主干道绿灯,支干道红灯)
        MOV   DX,250H
        OUT   DX,AL
        MOV   AH,1
        INT   16H
        JZ    NEXT1
        CMP   AL,03H                 ; 等待 Ctrl-C 键退出
        JNE   NEXT1
        MOV   AL,KEEP
        OUT   21H,AL                 ; 恢复系统中断屏蔽字
        MOV   DX,SAVEIP1             ; 恢复系统 IRQ3 原中断向量
```

```
            MOV     AX,SAVECS1
            MOV     DS,AX
            MOV     AH,25H
            MOV     AL,0BH
            INT     21H
            MOV     DX,SAVEIP2          ;恢复系统 IRQ₄ 原中断向量
            MOV     AX,SAVECS2
            MOV     DS,AX
            MOV     AH,25H
            MOV     AL,0CH
            INT     21H
            MOV     AH,4CH
            INT     21H
INTPROC1    PROC    FAR                 ;计数中断服务程序
            INC     CX                  ;计数值加1
            MOV     AL,20H
            OUT     20H,AL
            STI
            IRET
INTPROC1    ENDP
INTPROC2    PROC    FAR                 ;8255 中断服务程序
            PUSH    AX
            PUSH    DX
            STI
            MOV     CX,0                ;清除秒计数
            MOV     AL,00010100B        ;送主干道黄灯、支干道红灯数据
            MOV     DX,250H
            OUT     DX,AL
NEXT2:      CMP     CX,4
            JNE     NEXT2               ;若秒计数值未满4,继续等待
            MOV     CX,0                ;秒计数清零
            MOV     AL,00100001B        ;送主干道红灯、支干道绿灯数据
            MOV     DX,250H
            OUT     DX,AL
NEXT3:      CMP     CX,25
            JE      NEXT4               ;若秒计数值满25,转 NEXT4
            MOV     DX,0252H
            IN      AL,DX
            TEST    AL,80H
            JZ      NEXT3
            TEST    AL,40H
            JZ      NEXT3
            TEST    AL,20H
            JZ      NEXT3               ;还没有3辆车来,转 NEXT3 继续等待
NEXT4:      MOV     CX,0                ;秒计数清零
            MOV     AL,00100010B        ;送主干道红灯、支干道黄灯数据
            MOV     DX,250H
            OUT     DX,AL
NEXT5:      CMP     CX,4                ;若秒计数值未满4,继续等待
            JNE     NEXT5
            MOV     AL,20H              ;发中断结束命令
```

```
        OUT    20H,AL
        POP    DX
        POP    AX
        IRET                            ;中断返回
INTPROC2    ENDP
        END    START
```

2.12　开关/显示接口实验

1. 实验目的

(1) 熟练掌握 8255 并行接口芯片的基本功能及工作原理。
(2) 学会利用 8255 来构成实用并行接口电路的方法。

2. 实验任务

任务 A：用 8255 作为接口构成一个开关显示接口电路，A 口接一组开关 $K_7 \sim K_0$，C 口接一组发光二极管 $LED_7 \sim LED_0$（当 K_i 闭合时，对应 LED_i 亮；K_i 断开时，对应 LED_i 灭）。

任务 B：用 8255 作为接口构成一个开关显示接口电路，B 口接一组开关 $K_7 \sim K_0$，A 口接一组发光二极管 $LED_7 \sim LED_0$（当 K_i 闭合时，对应 LED_i 亮；K_i 断开时，对应 LED_i 灭）。

3. 实验设备与器材

(1) 80x86 系列微机一台。
(2) 微机硬件实验平台。

4. 实验准备

完成本实验需要 2 学时。实验前要求学生：
(1) 复习开关、LED 显示器基本人机交互接口的基本原理与使用方法。
(2) 按照实验任务要求画出实验系统的硬件电路连线图。
(3) 编写好实验程序。

5. 任务 A 实验参考方案

实验电路如图 2.10 所示。根据任务要求，8255 的 A 口工作在方式 0 输入，C 口工作在方式 0 输出。片选信号接 210H～213H。要使 LED 亮，对应 PC 口的端口线要输出高电平；而当开关 K 闭合时，从 PA 口对应端口线读到低电平，要用该信号驱动对应 LED 发亮，必须取反再输出。根据对 8255 各端口的安排可确定其工作方式控制字为 82H。实验参考程序如下：

```
        .MODEL SMALL
        .DATA
```

```
        .CODE
Start:    MOV   AX,@DATA
          MOV   DS,AX
          MOV   AL,82H              ;8255A初始化,控制字82H
          MOV   DX,213H             ;DX指向控制寄存器
          OUT   DX,AL
NEXT:     MOV   DX,210H             ;DX指向A口
          IN    AL,DX               ;读A口获取开关状态
          NOT   AL                  ;取反
          MOV   DX,212H             ;DX指向C口
          OUT   DX,AL               ;状态写入C口,驱动LED
          MOV   AH,1
          INT   16H
          JZ    NEXT
          MOV   AH,4CH              ;返回DOS
          INT   21H
        END   START
```

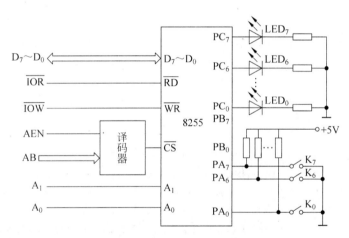

图 2.10　开关/显示接口实验硬件电路

2.13　键盘/显示接口实验

1.实验目的

熟练掌握用行/列扫描法或线反转法识别按键的基本原理,以及键码产生的基本方法。

2.实验任务

任务 A:用 8255 构成一个行/列式键盘接口,8255 的 A 口接键盘的行线,C 口接键盘的列线,编写用行/列扫描法识别按键的键盘驱动程序,当有键按下时,在屏幕显示该按键名。

任务 B:用 8255 构成一个行/列式键盘接口,8255 的 A 口接键盘的行线,C 口接键盘

的列线,用锁存器 74LS374 控制七段 LED 显示器,编写用行扫描法识别按键的键盘驱动程序;当有键按下时,在七段数码管上显示该按键名。

3. 实验设备与器材

(1) 80x86 系列微机一台。
(2) 微机硬件实验平台。

4. 实验准备

完成本实验需要 4 学时。实验前要求学生:
(1) 复习键盘、LED 显示器基本人机交互接口的基本原理与使用方法。
(2) 按照实验任务要求画出实验系统的硬件电路连线图。
(3) 编写好实验程序。

5. 任务 A 实验参考方案

键盘及接口的实验电路如图 2.11 所示。键盘的行线与 8255 的端口 A 相连,列线与 8255 的端口 C 相连。下面用列扫描法识别按键,用查表法产生键码并显示,程序如下:

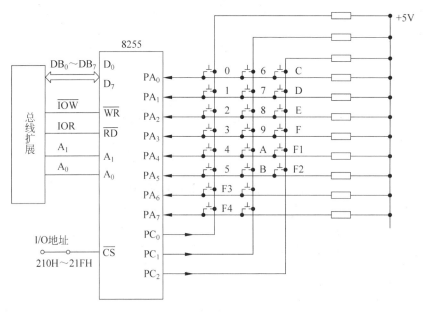

图 2.11 键盘实验硬件电路

```
DATA   SEGMENT
    KEYTAB   DB    '0','1','2','3','4','5',3,4        ;定义键码表
             DB    '6','7','8','9','A','B',0,0
             DB    'C','D','E','F', 1 , 2 ,0,0
    F1       DB    'F1 $ '
    F2       DB    'F2 $ '
    F3       DB    'F3 $ '
    F4       DB    'F4 $ '
```

```
          KEYIN   DB    ?
          PORT    EQU   210H
DATA      ENDS
CODE      SEGMENT
          ASSUME  CS:CODE,DS:DATA
START:    MOV     AX,DATA
          MOV     DS,AX
          MOV     AL,90H              ; 8255 方式 0,A 口输入,C 口下半部输出
          MOV     DX,PORT + 3
          OUT     DX,AL
KEY $ :   MOV     AL,0
          MOV     DX,PORT + 2         ; 取 C 口地址
          OUT     DX,AL               ; 输出列扫描码
          MOV     DX,PORT
          IN      AL,DX               ; 读行状态
          XOR     AL,0FFH             ; 状态取反(1 表示有键按下)
          JZ      KEY $               ; 无键按下,继续扫描键盘
          MOV     CX,20000            ; 延迟去抖动
L1:       NOP
          NOP
          LOOP    L1
          IN      AL,DX               ; 读行状态
          XOR     AL,0FFH             ; 状态取反
          JZ      KEY $               ; 无键按下,表明是干扰信号,继续扫描
          MOV     CH,0FEH             ; 列扫描信号,从第 0 列开始
          MOV     BL,0                ; 记录列号
AGAIN:    MOV     AL,CH
          MOV     DX,PORT + 2
          OUT     DX,AL               ; 输出列扫描信号
          MOV     DX,PORT
          IN      AL,DX               ; 读当前列按键状态
          XOR     AL,0FFH             ; 行状态取反,1 表示有键按下
          JNZ     NEXT                ; 有,转 NEXT
          INC     BL                  ; 列号加 1
          ROL     CH,1                ; 指向下一扫描列
          CMP     AL,0F7H             ; 判断是否扫描完 3 列
          JZ      KEY $               ; 扫描完转 KEY $ ,继续等待
          JMP     AGAIN               ; 继续列扫描
NEXT:     MOV     BH,0                ; 计算行号,初值为 0
KEYMA:    TEST    AL,01H              ; 判断当前行是否有键按下
          JNZ     SHOW                ; 有键按下,BH 为行号
          SHR     AL,1                ; 指向下一行
          INC     BH                  ; 行号加 1
          JMP     KEYMA
SHOW:     MOV     AL,BL               ; 计算键码下标:(BL)×8 + (BH)→AL
          MOV     CL,3
          SHL     AL,CL
          ADD     AL,BH
          MOV     BX,OFFSET KEYTAB    ; 取键码表首址
          XLAT                        ; 键码下标转换成相应键码(ASCII 码)
          CMP     AL,4
```

```
        JZ      EXIT                ; 按 F4 结束
        CMP     AL,1                ; 判断是否为 F1 键
        JZ      DISPF1
        CMP     AL,2                ; 判断是否为 F2 键
        JZ      DISPF2
        CMP     AL,3                ; 判断是否为 F3 键
        JZ      DISPF3
        MOV     DL,AL               ; 用 DOS 的 2 号功能显示其他 ASCII 码键
        MOV     AH,2
        INT     21H
        JMP     KEY $               ; 继续扫描
DISPF1：MOV     DX,OFFSET F1        ; 显示 F1
        JMP     DISP
DISPF2：MOV     DX,OFFSET F2        ; 显示 F2
        JMP     DISP
DISPF3：MOV     DX,OFFSET F3        ; 显示 F3
DISP：  MOV     AH,9H               ; 用 DOS 的 9 号功能调用显示功能键
        INT     21H
        JMP     KEY $               ; 继续扫描
EXIT：  MOV     AH,4CH              ; 返回 DOS
        INT     21H
CODE    ENDS
        END     START
```

2.14　ADC 与 DAC 综合应用实验

1. 实验目的

熟练掌握 ADC0809 和 DAC0832 与 PC 系列机的接口方法和接口驱动程序的设计方法。据此学会各种 ADC 和 DAC 与计算机的接口方法,从而为实现计算机采集或测控系统打下良好的基础。

2. 实验任务

任务 A:利用 ADC0809 和 DAC0832 与 PC 机相连接,构成一个基本的数据采集与监视系统。实验要求:

(1) 从外部输入一连续变化的电压信号,经 A/D 转换后读入微机进行必要的数据处理。

(2) 在微机屏幕上实时显示出连续变化的输入电压值(小数点后保留 2 位)。

(3) 经 D/A 转换器将微机处理后的数据变换为模拟信号送示波器,使示波器上得到一个连续变化的输出电压。

任务 B:将外部一连续变化的电压信号输入到 ADC0809 的输入端。编制程序对输入的电压信号连续进行采样转换,每次转换后将得到的 1 字节数字量(用十六进制数表示)输出到屏幕上显示。

3. 实验设备与器材

（1）80x86 系列微机一台。

（2）微机硬件实验平台。

（3）示波器一台。

（4）ADC0809、DAC0832 接口芯片各一片。

（5）基本 TTL 电路芯片若干。

4. 实验准备

完成本实验需要 4 学时。实验前要求学生：

（1）复习 ADC0809 和 DAC0832 接口芯片的工作原理。

（2）复习 0809 和 0832 接口芯片的引脚功能和内部结构。

（3）按照实验任务要求画出实验电路的硬件连线图。

（4）编写好实验程序。

5. 任务 A 实验参考方案

本实验基于 DLE-KD 型微机硬件实验平台，硬件参考电路如图 2.12 所示。利用实验平台上的可调电位计完成输入连续变化的电压信号。将这一变化的电压信号经 ADC0809 的 0 通道送入 A/D 转换器转换为微机可以识别的数字信号，并由转换结束信号 EOC 向微机发出中断请求，通知微机及时将转换完的数据采集进来，进行处理；然后将转换处理的结果显示到计算机屏幕上，同时送 DAC0832 进行数模转换，再将转换的结果送到示波器上显示。

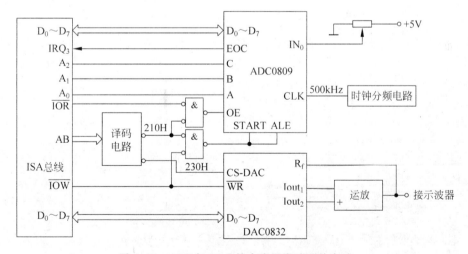

图 2.12　ADC 与 DAC 综合应用实验硬件电路

图 2.12 中，ADC0809 各模拟输入通道采用地址线选择，$IN_0 \sim IN_7$ 对应的启动地址分别为 2B0H～2B7H，读转换结果地址为 2B0H～2B7H 中任一个。DAC0832 采用单缓冲结构，端口地址为 2B8H。据此可编写符合实验要求的接口驱动程序如下：

```
        . MODEL SMALL
         . STACK
         . DATA
           KEEP  DB ?
           STR   DB    6   DUP (?)
           STAD  DB    0                      ; 启动 A/D 转换标志
         . CODE
         START:  MOV   AX,@DATA
                 MOV   DS,AX
                 CLI
                 MOV   AH,35H
                 MOV   AL,0BH
                 INT   21H                     ; 保存系统原中断向量
                 PUSH  BX
                 PUSH  ES
                 PUSH  DS
                 MOV   AX,SEG INTPROC          ; 中断服务程序入口地址
                 MOV   DS,AX
                 MOV   DX,OFFSET INTPROC
                 MOV   AH,25H
                 MOV   AL,0BH
                 INT   21H
                 POP   DS
                 IN    AL,21H                  ; 保存系统原中断屏蔽字
                 MOV   KEEP,AL
                 AND   AL,0F7H                 ; 置系统中断屏蔽字: 开 IRQ₃
                 OUT   21H,AL
                 MOV   AH,06H                  ; 清屏
                 MOV   AL,0
                 MOV   BH,10
                 MOV   CX,0
                 MOV   DH,24
                 MOV   DL,79
                 INT   10H
         NEXT1:  MOV   DX,0A0AH                ; 设置光标位置
                 MOV   BH,0
                 MOV   AH,02H
                 INT   10H
                 CMP   STAD,0                  ; 判断是否启动 AD 转换
                 JNZ   KEY                      ; STAD = 1,不启动 AD 转换
                 CLI
                 MOV   DX,210H
                 OUT   DX,AL                   ; 启动 AD 转换
                 MOV   STAD,1                  ; 置不启动 AD 转换标志
                 MOV   CX,10
         NEXT2:  NOP
                 LOOP  NEXT2                   ; 延时等待,避开虚假中断
                 STI
         KEY:    MOV   AH,01H
                 INT   16H
                 JZ    NEXT1                   ; 若无按键,则继续读键盘
```

```
        MOV     AL,KEEP
        OUT     21H,AL              ;恢复系统中断屏蔽字
        POP     DS
        POP     DX
        MOV     AH,25H
        MOV     AL,0BH
        INT     21H                 ;恢复系统原中断向量
        MOV     AH,4CH              ;返回 DOS
        INT     21H
INTPROC PROC    FAR                 ;中断服务程序
        PUSH    AX
        PUSH    DX
        PUSH    CX
        PUSH    BX
        PUSH    DS
        MOV     AX,@DATA
        MOV     DS,AX
        MOV     DX,210H             ;读 AD 转换数据
        IN      AL,DX
        MOV     DX,230H             ;启动 DA 转换并输出数据
        OUT     DX,AL
        MOV     AH,0
        MOV     BX,500
        MUL     BX
        MOV     BX,256
        DIV     BX                  ;转换为电压值(为实际电压值 100 倍)
        MOV     BX,100
        MOV     DX,0
        DIV     BX
        OR      AL,30H              ;获得个位数值
        MOV     STR,AL              ;保存个位数值
        MOV     STR+1,'.'           ;设置小数点
        MOV     AX,DX
        MOV     BX,10
        MOV     DX,0
        DIV     BX
        OR      AL,30H              ;获得十分位位数值
        MOV     STR+2,AL            ;保存十分位位数值
        OR      DL,30H              ;获得百分位位数值
        MOV     STR+3,DL            ;保存百分位位数值
        MOV     STR+4,'$'
        MOV     DX,OFFSET STR
        MOV     AH,09H
        INT     21H                 ;输出电压值
        MOV     AL,20H              ;发中断结束命令
        OUT     20H,AL
        POP     DS
        POP     BX
        POP     CX
        POP     DX
        POP     AX
```

```
            MOV    STAD,0              ；置启动 A/D 转换标志
            STI
            IRET                       ；中断返回
INTPROC     ENDP
            END    START
```

2.15 步进电机控制系统设计实验

1. 实验目的

熟练掌握步进电机的控制方法；培养学生综合运用微机原理和接口技术设计微机应用系统的能力。

2. 实验任务

任务 A：设计并实现一个用微机控制三相步进电机转速的控制系统，要求：

（1）该步进电机以三相六拍方式工作。

（2）可用电位计控制该步进电机的转速。

（3）用数字 0～100 模拟电机的转速，0 表示转速最慢，100 表示转速最快。然后将模拟转速的数据显示在数码管上。

任务 B：设计并实现一个用微机控制三相步进电机转速的控制系统，要求：

（1）该步进电机以四相八拍方式工作。

（2）可用电位计控制该步进电机的转速。

（3）用数字 0～100 模拟电机的转速，0 表示转速最慢，100 表示转速最快。然后将模拟转速的数据显示在数码管上。

3. 实验设备与器材

（1）80x86 系列微机一台。

（2）微机硬件实验平台。

（3）定时器/计数器、ADC、并行接口芯片。

（4）步进电机、驱动器、数码管。

（5）基本 TTL 电路芯片若干。

4. 实验准备

完成本实验需要 6 学时。实验前要求学生：

（1）查阅步进电机的组成与工作原理。

（2）复习定时器/计数器、ADC 和并行接口芯片的工作原理和使用方法。

（3）按照实验任务要求画出实验电路的硬件连线图。

（4）编写好实验程序。

5. 任务 A 实验参考方案

实验电路如图 2.13 所示。为了能按实验任务要求的那样，通过调节一个电位计来控

制步进电机的转速,可以设计一个 A/D 输入通道,将由电位计控制的直流电压幅值转换为数字量,再由软件将该数字量变为与步进电机的转速成比例的步进电机脉冲输出频率。要改变转速,只要调节电位计,改变输入到 A/D 转换器的直流电压幅值就可以。图中,8253 定时器/计数器用于产生定时中断信号,通过它和 A/D 转换的结果换算出每拍输出信号的延时量,据此来控制节拍输出频率,达到控制转速的目的。根据实验任务要求,除要利用电位计来控制转速外,还要用数字 0~100 模拟转速实时显示在显示器上。因此,还需要将 A/D 转换结果换算为 0~100 中的某个数字送显示器。

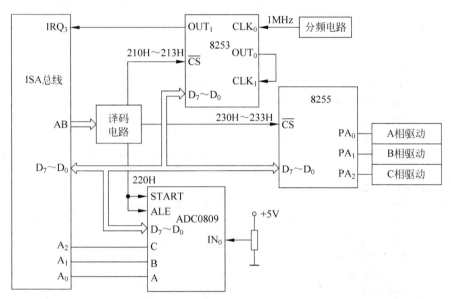

图 2.13　步进电机控制实验硬件电路

满足实验要求的驱动程序如下:

```
.MODEL SMALL
.DATA
PORT0    EQU 210H                          ; 8253 地址
PORT1    EQU 211H
PORT3    EQU 213H
CPORT0   EQU 230H                          ; 8255 地址
CPORT1   EQU 231H
CPORT3   EQU 233H
CS0809   EQU 220H                          ; 定义 ADC 0809 的通道地址
KONG     DB   100B, 110B, 010B, 011B, 001B, 101B
SHUK     DB ?
YAN      DB ?                              ; 中断次数计数器
CAI      DB ?                              ; 保存转换结果
SUDUD    DB ?                              ; 保存相对速度低位
SUDUG    DB ?                              ; 保存相对速度高位
.STACK
.CODE
START:   MOV    AX,@DATA
```

```
              MOV    DS,AX
              CLI
              MOV    AX ,350BH              ; 送中断向量
              INT    21H
              PUSH   BX
              PUSH   ES
              PUSH   DS
              MOV    AX,SEG INTRDIAN        ; 时间中断为 IRQ3
              MOV    DS,AX;
              MOV    DX,OFFSET INTRDIAN
              MOV    AX,250BH
              INT    21H
              POP    DS
              IN     AL,21H                 ; 开 IRQ3 中断
              AND    AL,0F7H
              OUT    21H,AL
              MOV    DX,PORT3               ; 初始化 8253
              MOV    AL,00110110B           ; 通道 0 方式 3,二进制计数
              MOV    DX,PORT3
              OUT    DX,AL
              MOV    AL,01010110B           ; 通道 1 方式 3,只读写低字节
              OUT    DX,AL
              MOV    AX,100                 ; 送通道 0 初值
              MOV    DX,PORT0
              OUT    DX,AL
              XCHG   AL,AH
              OUT    DX,AL
              MOV    AX,80                  ; 送通道 1 初值
              MOV    DX,PORT1
              OUT    DX,AL
              MOV    AL,10000000B           ; 初始化 8255,A 口工作于方式 0
              MOV    DX,CPORT3
              OUT    DX,AL
              MOV    DX,CS0809              ; 首次启动 A/D 转换
              OUT    DX,AL
              STI                           ;开中断
              MOV    CAI,0
AGAIN1:       MOV    DI,OFFSET KONG
              MOV    SHUK,8
AGAIN:        CMP    SHUK,0
              JZ     AGAIN1
              MOV    DX,CS0809              ; 启动转换
              OUT    DX,AL
              MOV    AH,1                   ; 循环等待
              INT    16H
              JZ     AGAIN
EXIT:         IN     AL,21H
              OR     AL,08H
```

```
        OUT    21H,AL              ; 恢复系统中断屏蔽
        POP    DS
        POP    DX
        MOV    AX,250BH            ; 恢复系统中断
        INT    21H
        MOV    AH,4CH
        INT    21H
INTRDIAN   PROC                    ; 中断服务程序
        PUSH   AX
        PUSH   BX
        PUSH   CX
        PUSH   DX
        MOV    DX,CS0809           ; 采集转换结果
        IN     AL,DX
        MOV    BL,AL
        CMP    AL,CAI              ; 判断与上一次是否相等
        MOV    CAI,BL
        JZ     NEXT
        MOV    BL,255              ; 延时 = 255 - 转换结果
        SUB    BL,AL
        MOV    YAN,BL              ; 保存延时量
        MOV    AL,CAI
        MOV    CL,100
        MUL    CL
        MOV    CL,255
        DIV    CL                  ; 相对速度 = (转换结果/255) * 100
        MOV    CL,10
        MOV    AH,0
        DIV    CL
        MOV    SUDUD,AH            ; 相对速度高位送 SUDUD
        MOV    SUDUG,AL            ; 相对速度低位送 SUDUG
NEXT:   MOV    DX,CS0809           ; 启动下一次 A/D 转换
        OUT    DX,AL
        DEC    YAN                 ; 延时量减 1
        CMP    YAN,0
        JNZ    CON                 ; 延时量不等于 0,则继续
        MOV    YAN,BL
        MOV    DX,CPORT0           ; 延时量等于零则输出一拍控制字
        MOV    AL,[DI]
        OUT    DX,AL
        INC    DI
        DEC    SHUK
CON:    MOV    DL,SUDUG            ; 显示相对速度
        ADD    DL,30H
        MOV    AH,02H
        INT    21H
        MOV    DL,SUDUD
        ADD    DL,30H
```

```
        MOV    AH,02H
        INT    21H
        MOV    AL,20H              ;发中断结束命令
        OUT    20H,AL
        POP    DX
        POP    CX
        POP    BX
        POP    AX
        STI
        IRET
INTRDIAN ENDP
        END    START
```

第3部分

推荐的扩展实验

3.1 ADC、DAC 与 8255 综合应用实验

1. 实验目的

本实验利用 A/D、D/A 转换器与 8255 并行接口芯片来共同完成一个综合应用系统。通过本实验,旨在使学生:

(1) 了解并掌握利用 8255 并行接口芯片构成基本数据采集与显示系统的原理和实现方法。

(2) 进一步熟悉 A/D 和 D/A 转换器与 CPU 的接口方法。

2. 实验任务

以 ADC0809 作为 A/D 转换芯片,以 DAC0808 作为 D/A 转换芯片,以 8255 作为 ADC、DAC 的并行接口芯片,设计一个模拟电压信号的采集与显示电路,要求将连续采集的数据以十进制形式在计算机屏幕上显示,以波形形式在示波器上显示。

3. 实验设备与器材

(1) 80x86 系列微机一台。

(2) 微机硬件实验平台。

(3) 双踪示波器一台。

(4) 8255、ADC0809、DAC0808 芯片各一片。

(5) 基本 TTL 电路芯片若干。

4. 实验准备

完成本实验需要 6 学时。实验前要求学生:

(1) 复习 ADC0809 和 DAC0808 与 CPU 的接口方法。

(2) 复习 8255 的工作方式及初始化编程的方法。

(3) 根据实验任务要求及实验思路提示,画出实验系统的硬件连线图。

（4）编写好实验程序。

5. 实验思路提示

设计本实验系统的关键是合理运用 8255。运用方案不同,实验电路和软件程序也将不同。假设以 8255 的 B 口作为 ADC0809 的输入接口,而以其 A 口作为 DAC0808 的输出接口,以 C 口的 PC_4 作为 A/D 转换结束的状态位,PC_1 作为 A/D 转换启动信号输出位;A 口、B 口均工作于方式 0。由于 A/D 和 D/A 转换器的数据交换都是通过 8255 芯片进行的,因此在实验设计过程中,只需从实验箱上的地址译码输出中为 8255 芯片选择一组端口地址。这样,便可给出本实验系统的基本电路框图如图 3.1 所示。在实验中,可以根据模拟电压信号实际加到 ADC0809 输入通道的位置来选择 A、B、C 3 个引脚的连接方法。在图 3.1 中,将 ADC0809 的通道选择输入端 A、B、C 均接地,这就意味着实验中选择了 IN_0 作为电压信号的输入端。

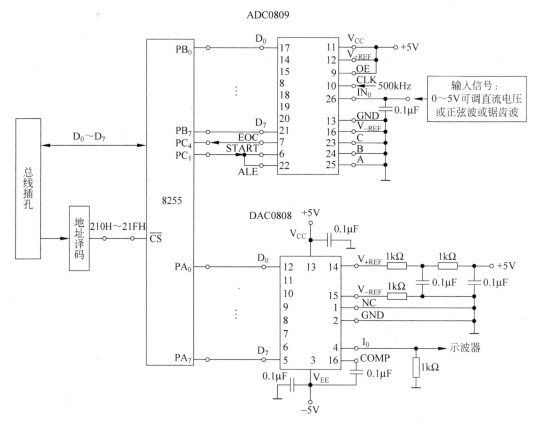

图 3.1　ADC、DAC 与 8255 综合应用实验的参考电路框图

以图 3.1 的硬件电路为基础,本实验的软件流程可以参阅图 3.2。

根据图 3.1 和图 3.2,便可设计出实验系统的详细电路图和汇编语言源程序了。

6. 思考题目

（1）在实验电路中,从模拟电压的输入到 D/A 转换结果的输出(也是模拟电压),这两个电压值之间的误差由哪些因素产生?

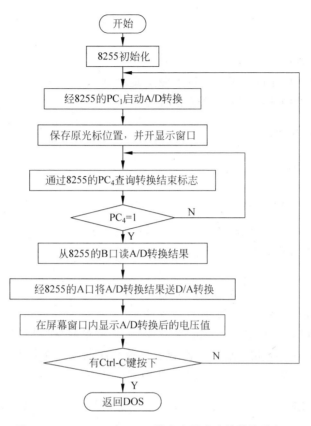

图 3.2　ADC、DAC 与 8255 综合应用实验的软件流程图

(2) 在本实验中,如果 ADC 与 CPU 间需要采用中断式或者查询式的 8255 方式 1 交换数据,实验的硬件电路应如何修改? 软件应如何实现?

3.2　8259、8253/8254 与 ADC、DAC 综合应用实验

1. 实验目的

在各种实时计算机控制系统和虚拟现实系统中,对信号的采集、处理和输出的过程有较严格的时间要求。这类系统中,常利用定时器、8259 中断控制器和 A/D、D/A 转换器来共同实现相应的实时过程。

通过本实验,旨在使学生:

(1) 进一步掌握 8259、8253/8254 与 A/D、D/A 转换器的工作机理及其与 CPU 的接口方法。

(2) 初步掌握综合应用 8259、8253/8254 和 ADC、DAC 来构成一个实用微机应用系统的方法。

(3) 初步熟悉语音记录、存储和还原的原理及其实现方法。

2. 实验任务

设计并实现一个语音实验系统,要求具体完成以下 5 项功能:

（1）语音记录。

（2）语音重放。

（3）语音叠加合成。

（4）将语音缓冲区中的语音信号存入磁盘文件中。

（5）将磁盘文件中的语音数据送回语音缓冲区。

3. 实验设备与器材

（1）80x86 系列微机一台。

（2）微机硬件实验平台。

（3）话筒及扬声器各一个。

（4）ADC0809、DAC0832 和 8253/8254 接口芯片各一片。

（5）基本 TTL 电路芯片若干。

4. 实验准备

完成本实验需要 6 学时。实验前要求学生：

（1）复习 ADC0809、DAC0832 和 8253/8254、8259 的正确使用方法。

（2）根据实验任务和实验思路提示，画出实验系统的硬件连线图。

（3）编写好实验程序。

5. 实验思路提示

根据实验任务要求，该语音实验系统的主体功能应该是语音记录与重放，它们将依靠硬件、软件的结合来实现。至于其他几项功能，则是利用软件来实现。

要完成语音信号的记录与重放，首先要将语音信号由话筒输入变为电信号，然后将电信号放大、滤波，形成 $0\sim5\mathrm{V}$ 的变化电压，再经 A/D 转换器转换为数字信号送入计算机；计算机将采样的数字信号存储于存储器 RAM 中，再经适当的处理后送至 D/A 转换器转换为模拟信号，该模拟信号经过滤波、放大后送扬声器播放。实现该过程的硬件电路框图如图 3.3 所示，该图也是本实验系统的硬件框图。

$$语音输入电路 \Longrightarrow ADC及接口 \Longrightarrow PC系列机 \Longrightarrow DAC及接口 \Longrightarrow 语音输出电路$$

图 3.3　语音实验系统硬件电路实现框图

对于以上硬件电路框图中各功能单元的实现方法提示如下：

（1）语音输入电路

实现电路可以参见图 3.4。其中，电阻 R_D 为话筒提供了一个直流偏置电压，话筒输出的语音信号 v_i 经 C_1 耦合至放大器 F741 进行电压放大。而可调电位器 R_W 用于调整输出的直流偏压，使得输出电压在 2.5V 上下进行摆动。在该放大电路中，R_F 和 C_2 组成了一个一阶低通滤波器，其取值范围的设定取决于输入语音信号的频率。在一般情况下，语音信号的频率为 $300\sim4500\mathrm{Hz}$，故选 $C_2=240\mathrm{pF}$，$R_F=100\mathrm{k}\Omega$。滤波器的高频截止频率为 6.7kHz，当频率大于 6.7kHz 时，以倍频 3dB 的速率下降。对于低频信号，放大器的输

出电压近似为 $v_O = \dfrac{R_F}{R_1}$。

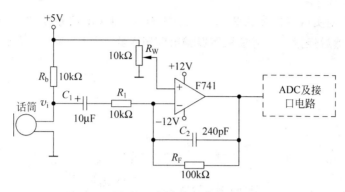

图 3.4 语音输入电路图

（2）ADC 及接口电路

ADC 位数的选择严格讲应根据语音信号的频率和对重放音质的要求来确定。本实验假定选用 8 位 ADC0809 来对语言采样，ADC 及接口电路的框图可参见图 3.5。

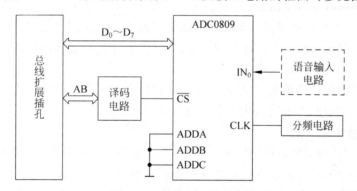

图 3.5 ADC 及接口电路框图

同时，为了实现对语音信号的周期性定时采样，可考虑利用可编程定时器/计数器芯片（如 8253/8254）来控制。

（3）DAC 及接口电路

严格讲，DAC 位数同样要根据语音信号的频率和对重放音质的要求来定。假定在本实验中选用 DAC0832 来完成 D/A 转换，则 ADC 及接口电路的实现框图可参见图 3.6。由于 DAC0832 直接输出的是电流信号，因此在其输出端应加接运放电路，将电流信号转

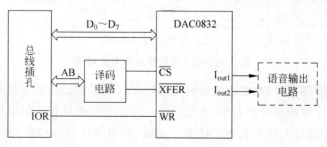

图 3.6 DAC 及接口电路框图

换为电压信号后再接入到后一级的放大驱动电路。

（4）语音输出电路

该部分电路的实现可以参见图3.7。其中，D/A的输出信号经过两级*RC*滤波电路滤掉高频分量，然后经过一个射极跟随器输出到扬声器，驱动其发声。

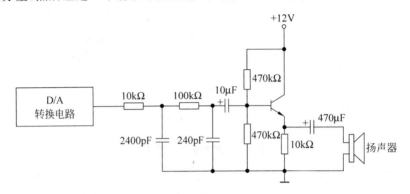

图3.7 语音输出电路

另外，在实现语音的录制过程中，根据采样定理，对于低于5kHz的语音信号，使用10kHz的频率进行采样便能够得到较好的还原声音。当语音信号经A/D采集到计算机中以后，要将数据存入内存中，而在一般情况下语音信号的数据量都比较大，所以通常需要将数据进行压缩以后再存储。

实现放音处理，较简单的方法就是将存储在内存中的数据按原样以采样频率送往D/A转换器进行输出，并经过放大驱动电路使扬声器发音。

（5）定时器电路

为了实现对语音信号的周期性定时操作，可利用8253/8254与计算机内部8259的结合来产生定时中断信号，启动每次采样或数据输出操作。8253/8254应设置在方式2或方式3工作，计数初值应根据语音采样的频率和输入时钟频率确定，而语音采样频率又要根据语音频率和采样定理来确定。定时器电路的框图如图3.8所示。

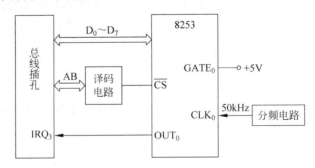

图3.8 8253定时器基本电路框图

完成了上述硬件设计后，便可进行软件设计了。根据实验任务要求的5项功能，可以考虑用5个子程序模块来分别实现，然后通过一个主程序模块将它们串起来。

在主程序中，通过人机交互输入功能号，然后利用条件转移功能，进入相应子程序模块。语音录入子程序实质上就是A/D转换及数据采样子程序，在定时中断信号的控制下实现周期性采样。

语音重放子程序实质上就是 D/A 转换子程序,将存储在语音缓存区的数据以和语音集样相同的频率输出到 D/A 通道中去。

语音合成子程序则是将存储在两个不同存储区的不同语音信号 X_1 和 X_2 进行叠加处理:$(X_1+X_2)/2$,然后将处理结果送 D/A 转换器,以实现语音的叠加。

考虑到语音录入、重放和合成 3 项功能都需要按一定的时间间隔(如 0.1ms)周期性地对语音信号采样或输出,因此在这 3 个子程序中原则上都只做设置相应的语音操作标志一件事,而将实质性的功能操作统一放到定时中断服务程序中去完成。

至于语音存入磁盘文件子程序和从磁盘文件中写入语音缓存区子程序,则可直接利用 DOS/BIOS 功能调用来实现。

在语音的录制、重放和合成的子程序中,需要嵌套检测键盘子程序,即在录制、重放和合成的过程中,若有键盘被按下,则停止当前操作,并显示出相应的信息。

图 3.9、图 3.10 和图 3.11 分别给出了主程序模块、语音重放子程序模块和定时中断服务程序模块的流程图,可供实验者参考。其他几个子程序模块比较简单,其流程图不予给出。

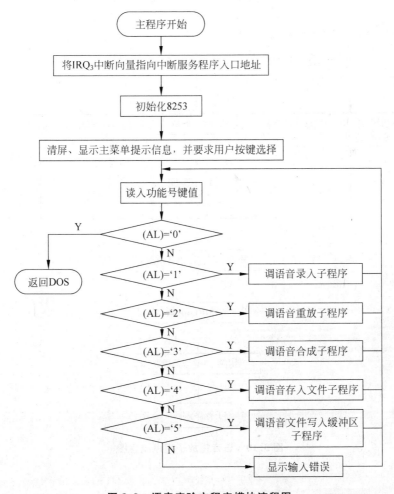

图 3.9 语音实验主程序模块流程图

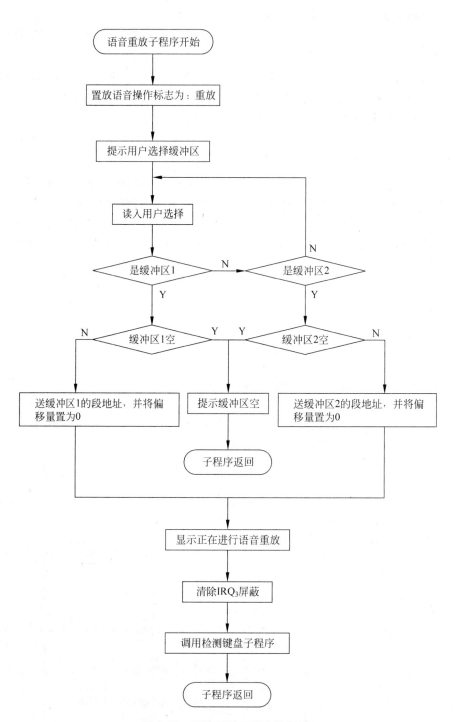

图 3.10 语音重放子程序流程图

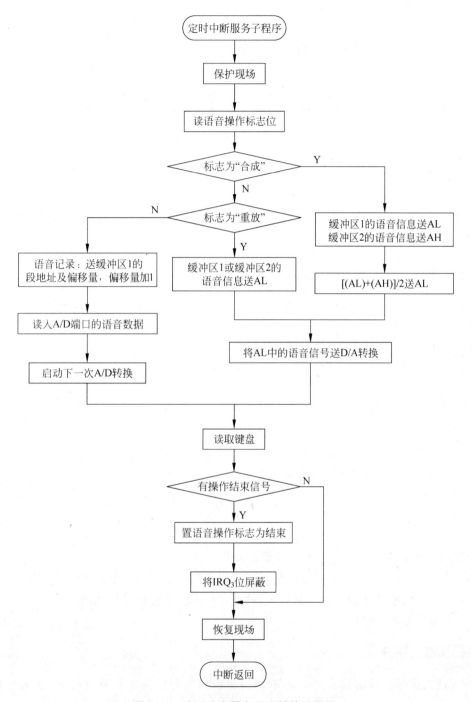

图 3.11 定时中断服务程序模块流程图

6. 思考题目

本实验系统的语音采集通道中要不要加入采样保持器，为什么？什么情况下要加，什么情况下不必加？

3.3 LED 大屏幕显示阵列实验

1. 实验目的

在许多工业生产过程和武器发射、设备试验过程的计算机监控系统中,经常会使用 LED 大屏幕显示阵列来显示工作状态、各种数据参数或出现故障的位置等;在各种公众场合也经常利用 LED 大屏幕显示器来发布新闻、广告或其他公众信息。通过本实验,旨在使学生:

(1) 进一步了解 LED 显示器的结构及工作原理。

(2) 掌握用 LED 显示器组成大屏幕显示阵列以及实现动态扫描分时循环显示的硬件和软件设计方法。

2. 实验任务

设计一个用 LED 显示器组成的 16×128 点阵的大屏幕显示阵列,用微机控制它动态地显示数据,使之能够:

(1) 显示出 16×16 点阵的汉字 8 个。

(2) 显示内容可以通过键盘进行输入和修改。

3. 实验设备与器材

(1) 80x86 系列微机一台。

(2) 微机硬件实验平台。

(3) 锁存器和驱动器芯片若干。

(4) 基本 TTL 电路芯片若干。

4. 实验准备

完成本实验需要 8 学时。实验前要求学生:

(1) 复习锁存器(如 74LS373)、驱动器芯片的工作原理和使用方法。

(2) 根据实验任务和实验思路提示,设计并画出实验的硬件连线图。

(3) 编写好实验程序。

5. 实验思路提示

LED 大屏幕显示从显示方式看,有静态显示和动态扫描显示两种;从显示数据输入方式来看,有并行数据输入和串行数据输入两种。显示方式和数据输入方式不同,显示器接口的硬件、软件设计也不一样。假定本实验采用动态扫描显示和并行数据输入方式来实现 LED 大屏幕显示,则可按以下思路来考虑该显示系统的设计:

根据实验任务要求,LED 大屏幕显示器是由 8 个 16×16 点阵的 LED 显示块拼装而成的 16×128 显示阵列。对于每个用 16×16 个 LED 组成的发光点阵,应由微机控制送出行和列的扫描信号,使得其中某些发光二极管发亮、某些发光二极管熄灭,以得到需要显示的字形。

　　设计时,可考虑将 8 个点阵块的 16 根行线分别并接在一起,形成 8 路复用,用 16 位并行口输出的行扫描信号进行驱动;8 个块的 16 根列线分别经一个 16 位并行输出口进行驱动。例如,可以使用 74LS373 锁存器外加必要的驱动器来作为上述行、列线的驱动接口。这样,便可得到显示阵列的行、列锁存及驱动电路原理框图,如图 3.12 所示。

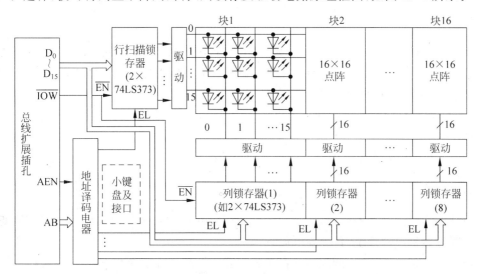

图 3.12　大屏幕显示阵列实验的基本电路参考框图

　　在实现显示的过程中,一般可采用逐行动态扫描的方式进行显示。显示的基本过程是:首先选通第一行,读出第一行的数据信号,依次写到列锁存器(1)~(8)中,使得第一行中的 LED 点亮 1~2ms;接着选通第二行,送第二行的数据到列锁存器组中,点亮第二行有关点 1~2ms;依此类推,直至 16 行全部扫描显示一遍,即完成了一帧数据的显示。如此周而复始地从第 1 行到第 16 行扫描显示,即可完成相应的画面显示。

　　根据上述扫描原理和过程,不难设计出本实验的动态扫描软件。

　　LED 点阵的显示数据内容,对本实验来说,可参考国际 BG2B12-80 汉字点阵标准,通过键盘输入到内存的显示缓冲区中。若要更新显示画面,只需将新画面的点阵数据输入到显示缓冲区即可。

　　另外,通过控制显示缓冲区数据存放结构,可以形成左平移、右平移、上移、下移、开幕式、合幕式和动画等多种画面显示方式。

　　实际中,如果不是用 PC 系列微机系统,而是用单片机或 80x86 单板机系统来控制 LED 大屏幕显示,为了输入和修改显示内容,还需自行设计一个键盘及接口电路,如图 3.12 中虚线框所示。还需要注意的是,总线扩展孔中引出的是有 16 根数据线的 ISA 总线信号还是只有 8 根数据线的 PC/XT 总线信号,对行、列锁存器的硬件连接和接口驱动程序设计有直接影响。另外,LED 显示器采用共阴极接法还是共阳极接法,对行、列驱动器电路和接口驱动程序的设计也有直接影响。

6. 思考题目

　　(1) 假设改用串行数据输入方式来实现本实验任务,应如何修改设计?试画出硬件框图,并说明思路。

(2) 若采用隔行扫描方式进行显示,对硬件和软件设计都有影响吗? 有什么影响?

3.4 彩色音乐演奏器实验

1. 实验目的

在许多文化娱乐场所和节假日的公众场合,为了烘托气氛,突出主题,常常需要将灯光与音乐有机结合,用音乐的节奏变化来控制彩灯的亮度变化,使其形成"彩色音乐"的效果。通过本实验,旨在使学生:

(1) 了解彩灯随音乐节奏变化的原理和实现方法。

(2) 初步掌握彩灯音乐演奏的设计思路。

(3) 熟悉可控硅和光电耦合器的原理和使用方法。

2. 实验任务

设计一个可以演奏不同音乐,而且输出彩灯能够随音乐的节拍或旋律有节奏地变化的音乐彩灯微机控制系统,具体要求如下:

(1) 系统有 8 路彩灯输出,一路扬声器输出,彩灯采用交流 220V/15W 的彩色灯泡模拟。

(2) 能从 3 个音乐曲目中任意调出一个输出或循环输出。

(3) 具有声控灯光亮度的功能。要求将音乐信号分成高、低两个频段(例如,30Hz~2kHz 为低频段,2~4kHz 为高频段);8 路彩灯分成两组,分别受高、低频段音乐成分的控制,频率越高彩灯越亮。

3. 实验设备与器材

(1) 80x86 系列微机一台。

(2) 微机硬件实验平台。

(3) 并行接口和定时器芯片。

(4) 三极管、光电耦合器、可控硅及彩灯若干。

(5) 基本 TTL 电路芯片若干。

4. 实验准备

完成本实验需要 8 学时。实验前要求学生:

(1) 复习三极管、光电耦合器、可控硅的工作原理与使用方法。

(2) 根据实验任务和实验思路提示,设计实验电路,画出硬件连线图。

(3) 编写好实验程序。

5. 实验思路提示

要完成本实验,关键需要完成以下两部分的设计:

(1) 将需要演奏音乐的乐曲以表格的形式存于设置在内存中的演奏缓冲区中,要演奏不同的乐曲,只需改变此表格的数据或设置多个曲目数据表即可。

(2) 完成对彩灯驱动和扬声器驱动电路的设计。

为了设计演奏表格,基本上是把需要演奏音乐的音符、音调(音频)和节拍变为相应的彩灯驱动码数据。以 B 调为例,表 3.1 给出了各音符的不同音调与频率和计数初值之间的关系。

表 3.1 各音符的不同音调与频率和计数初值的关系

音调(B 调)	4.	5.	6.	7.	1	2	3	4	5
频率/Hz	329.5	370	415	466	493	554	622	659	740
计数初值 (设 $f=50\mathrm{kHz}$)	98H	87H	78H	67H	61H	5AH	50H	4BH	44H
音调(B 调)	6	7	1·	2·	3·	4·	5·	6·	7·
频率/Hz	830	923	987	1108	1244	1318	1480	1660	1846
计数初值 (设 $f=50\mathrm{kHz}$)	3CH	36H	33H	2DH	28H	26H	22H	1EH	1BH

由表 3.1 可见,同一音符的高 8 度音的频率是低 8 度音频率的两倍,由此可推算出所有音调的发音频率。

乐曲中音调发音时间的长短表现为节拍。音调的长短是以全音符为基础划分的,有全音符、二分、四分和八分音符等。许多乐曲以四分音符为一拍,八分音符为半拍演奏。这样,一个全音符就是持续四拍。如果设定一个全音符的持续时间为 1s,那么一个二分音符将持续 0.5s,一个四分音符将持续 0.25s。

为了演奏乐曲,一般可通过 PC 系列机内的定时器通道 2 或外加 8253/8254 来控制发声,在送入发声频率(音调)对应的计数初值后,程序就要按照节拍来控制延迟时间。至于每个音频对应的计数初值是多少,还要取决于所用定时器通道的输入时钟频率。如果采用的是机内定时器通道 2,则输入到 CLK 的时钟频率是 1.192MHz。如果自己扩充 8253/8254,假定采用 50kHz 的输入时钟频率,则可得到各音调(频率)对应的计数初值如表 8.2 中所列。

为了设计一段演奏程序,一般除需要建立和音调频率相关的计数初值数据表外,还要建立一个与节拍相关的延迟时间数据表(例如,假定四分音符的持续时间为 0.25s,某音调为全音符,其对应的计数初值为 X,则在初值表中填入 X 的同时,应在延时表中对应的单元填入 1s 延时值),这样,在每取出一个计数初值送定时器通道后,紧接着取一个对应的延迟时间控制延迟。当然,也可以将计数初值和时延体现在一个表中,例如,以四分符作为基本节拍占用一个存储单元(一般以一首乐曲中最短拍子的音为基本节拍,拍子长的音重复存放该音的计数初值),那么,二分符要占两个存储单元,全音符要占 4 个存储单元,双音符(通常称两拍)要占 8 个存储单元等。这样,每取一个单元数据送出时,都延迟一段固定的时间(如 0.25s)。

为了实现用音频控制 8 路彩灯的显示,可专门设置一个 8 位并行输出口(如可选用个 8 位锁存器 74LS274 或使用 8255 的一个端口),在程序将音调对应的计数初值写入定时器通道并延时的同时,也将它写入该 8 位输出端口并延时。与此同时,还可另设一根输出端口线来控制声音和灯光演奏的启停;当然,也可在计数初值表中插入一个结束符(如 -1)来控制演奏结束。

为了实现分两个频段来声控彩灯亮度的功能,可将定时器输出到扬声器的音乐信号经高通、低通两路滤波器及整流电路,分别取出其高、低频段音乐成分,形成与相应频段的音乐信号幅度(音量)成正比的直流电压,去分别控制 4 个彩灯的发光亮度。

综上所述,可得到本实验系统的硬件结构原理示意图如图 3.13 所示。

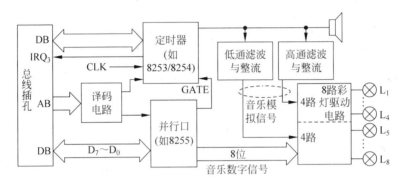

图 3.13 彩色音乐演奏器实验的硬件结构原理示意图

对于图 3.13 中彩灯驱动电路的设计,由于输出端的彩灯是工作在 220V 的交流电下,因此适合于采用可控硅开关。实验中需要根据负载的功率来选用可控硅,本实验的输出负载要求选用 15W 的白炽灯,选用 1A/600V 的小双向可控硅即可。另外,为了避免彩灯交流电回路对计算机接口电路产生干扰,应在可控硅触发极与控制信号之间引入光电耦合器进行隔离,因此可得到彩灯驱动电路原理图如图 3.14 所示。其中,S 为音乐数字/模拟控制选择开关,置于 0 时为数字控制,置于 1 时为模拟控制。

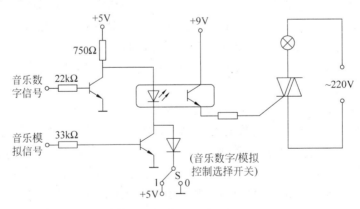

图 3.14 彩灯驱动电路原理图

图 3.13 中的高通/低通滤波与整流电路可参考图 3.15。

在图 3.15 中,A_1 构成高通/低通滤波器,A_2 和 A_3 构成半波精密整流电路。A_1 电路中实线所示为低频滤波器,将其中的 R_1、R_2、C_3、C_4 分别改接成虚线所示的 C_1、C_2、R_3、

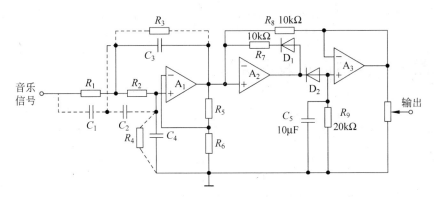

图 3.15 高通/低通滤波与整流参考电路

R_4,便成为高通滤波器。如果取 $R_1=R_2$,$C_3=C_4$,$R_3=R_4$,$C_1=C_2$,则低通滤波器的上限截止频率 f_H 和高通滤波器的下限截止频率 f_L 分别由下式决定:

$$f_H = \frac{1}{2\pi R_1 C_1}, \quad f_L = \frac{1}{2\pi R_3 C_3}$$

根据给定的截止频率设定 C_3、C_1 值,即可求得 R_1、R_3 值。

图 3.16 给出了本实验系统的参考程序流程图。

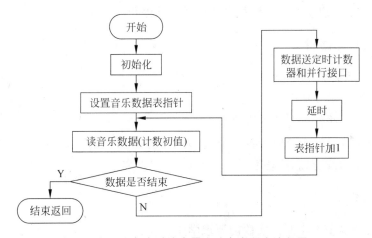

图 3.16 彩色音乐演奏器实验参考程序流程图

值得注意的是,演奏数据表中一定要同时存有每个音符的频率(即计数初值)信息和节拍(即延迟时间)信息。另外,如果在演奏程序中只建立一个音乐数据(包括音频数据和节拍数据)表,一定要以乐曲中最短节拍的音为基本节拍存放。这样,长节拍的音只需重复存放该音的计数初值即可。

6. 思考题目

(1) 乐曲演奏中,如果遇到休止符应如何处理?

(2) 如果实验中要求控制彩灯的亮度随声音信号的强弱(音量的大小)变化,应该如何设计实验电路?画出实现的原理图。

(3) 直接用定时器输出的方波信号去驱动扬声器,放出的音乐信号不好听。有什么办法能适当改善音质,尽量减少声音失真?

3.5 照相机自拍指示装置实验

1. 实验目的

日常生活中经常使用照相机进行自动拍摄。本实验通过实现照相机自拍指示装置,使学生能够:

(1) 了解照相机自拍指示装置的原理与实现方法。

(2) 进一步掌握综合应用定时器、并行接口、显示器和中断机制等来构成实用微机系统的思路和方法。

2. 实验任务

用一个绿色的发光二极管被点亮来模拟照相机的快门,用红色的发光二极管的闪烁来模拟启动自拍装置以后的提示信号和时间变化(表示准备拍摄)。设计实现从启动自拍装置后,红色发光二极管的闪亮速度越来越快,并在 1min 后红灯熄灭,绿色的发光二极管点亮,说明快门被启动按下。绿灯亮 10s 后自动停止。

3. 实验设备与器材

(1) 80x86 系列微机一台。

(2) 微机硬件实验平台。

(3) 定时器及并行口芯片各一片。

(4) 红色及绿色发光二极管各一个。

(5) 基本 TTL 电路芯片若干。

4. 实验准备

完成本实验需要 8 学时。实验前要求学生:

(1) 根据实验任务和实验思路提示,画出实验电路的硬件连线图。

(2) 编写好实验程序。

5. 实验思路提示

要实现照相机的自动拍摄指示,其主要任务是完成定时操作。因此,首先选定某定时器/计数器芯片(如可选用 8253/8254),然后,设置一个按键作为启动照相机自拍装置的按钮,使得当该按键被按下时系统产生一个中断请求,使定时器/计数器开始计时,并在 1min 后启动快门。

在设计时,根据实验任务要求,使用一个红色的发光二极管来模拟自拍提示信号和时间的变化,并用它的闪烁速度来提示用户注意自拍装置已启动,且离快门启动的时刻越来越近。设计时可以使发光二极管在自拍按钮被按下后的前 15s 时间内,每 1.5s 点亮一次；在 15～30s 的时间内，每 1s 点亮一次；在 30～45s 的时间内，每半秒钟点亮一次；在 45～60s 的时间内，每 0.1s 点亮一次，并在 60s 时，红色的发光二极管熄灭，绿色的发光二极管点亮，表示快门已被启动。此时，可以控制绿灯点亮 10s 后熄灭。

本实验的硬件结构如图 3.17 所示。软件主要由一个主程序模块和两个中断服务程序模块构成。本实验的重点是实现自拍启动后，使红色 LED 的闪烁速度随着时间的推移，在不同时间段越来越快。这就要求程序在软件设计过程中，要注意捕捉几个时段转折点，以实现在不同时段以不同的时间间隔向并行口发出红灯定时控制信号。

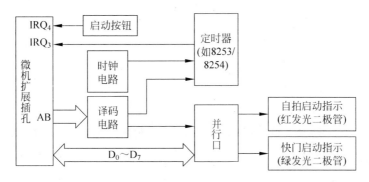

图 3.17　照相机自拍指示装置实验的硬件结构示意图

6. 思考题目

(1) 如果要求启动自拍装置后，改成对 1min 准备拍摄时间按秒倒计时，并显示倒计时过程，计至 0 时启动快门，并点亮绿灯 10s。应如何修改设计？

(2) 如果要求照相机自拍电路中加入一个闪光灯控制信号，在快门被按下的同时，闪光灯开始闪亮 1s(要求使用白炽灯模拟闪光过程)，请说明设计思路，并画出硬件实现原理图和软件流程图。

3.6　电缆通断状态检测自动化实验

1. 实验目的

实际机电系统中电缆通断状态的自动检验和测试在许多行业中都是非常必要的，对确保产品的质量有重要意义。通过本实验，使学生能够：

(1) 了解微机在产品状态检测中的应用。

(2) 掌握实现电缆通断状态检测的方法与原理。

(3) 掌握一个产品定性检测系统的组成与调试方法。

2. 实验任务

实现一个可以自动检测 16 个电缆接点通断状态的微机应用系统。

3. 实验设备与器材

(1) 80x86 系列微机一台。

(2) 微机硬件实验平台。

(3) 被测实验电缆。

(4) 并行接口芯片。

(5) 译码器芯片。

(6) 基本 TTL 电路芯片若干。

4. 实验准备

完成本实验需要 8 学时。实验前要求学生：

(1) 复习译码器的原理。

(2) 复习并行接口原理、方法。

(3) 根据实验任务和实验思路提示，选择芯片，画出实验电路的硬件连线图。

(4) 编写好实验程序。

5. 实验思路提示

所谓电缆通断状态的检测，实际上就是检查设备中电缆连接器（如插头、插座）各接点之间是否正常接通和断开。而微机自动检测电缆通断状态，需要完成以下几个基本功能：

(1) 产生测试信号并将它们加到相应的测试点上。

(2) 对被测点的响应信号进行测量。

(3) 将被测信号与标准信号进行比较。

(4) 对检测结果进行记录和显示。

为此，可以考虑先将被测电缆的正确导通状态制成一张表格存于内存中，作为与检测状态的比较标准。当微机执行检测程序后，通过接口和检测线路，将测试信号（电压）依次送到被测电缆的各接点，并将电缆的实际通断状态读回计算机中，与存储在表格中的标准状态逐一比较。如果完全相同，表示被测电缆的接线正确；如果比较发现某点的状态与表中的数据不同，则说明该点的接线错误，此时，应将该点的错误性质和位置记录下来，并将结果显示或打印出来，以便查找出错原因。

实际电路中的电缆线路一般都比较复杂，为简化设计，在实验中不妨设定最多有 16 个被测电缆接点。电缆通断状态检测系统的总体方案可如图 3.18 所示进行考虑。

在实现硬件电路设计时，主要需要完成接口与译码电路的设计和检测电路的设计。

(1) 接口与译码电路的设计

接口与译码电路的设计包括首点、末点组加测试信号的接口与译码电路，以及对通断状态的采样接口电路。

由于本实验的电缆测试点最多设定为 16 个接点，所以需要对 16 个首点施加测试信号。为此，可考虑利用 16 位并行接口送出首点测试信号，但为了节省接口芯片、简化硬件电路，最好采用 4 位并行端口加译码器的方案来得到 16 路首点加载信号。这种方案在接点数很多（如 256 个点）时尤其具有明显的优越性。

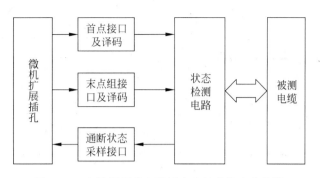

图 3.18 电缆通断状态检测电路的总体方案设计

关于末点组的划分,考虑到一般并行接口芯片的每个端口都为8位,依次可以同时采样8个接点的状态,因此,将末点的检测信号按照8点为一组进行组合。对于本实验中的16个接点,仅需要设计两个末点组即可。

综上所述,可以选用8255作为并行接口,其中用一个或两个端口作为首点和末点组加载信号的输出端口,用一个端口作为通断状态采样的输入端口。而4线～16线译码电路可以用两个74LS138芯片组成。从而可得到接口与译码电路如图3.19所示。

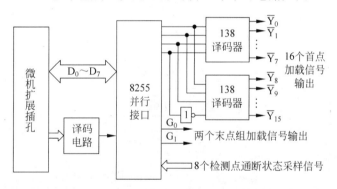

图 3.19 通断状态检测的接口与译码电路参考图

(2)检测电路的设计

根据电缆通断状态检测的要求,当电缆中某首点加载后,则和它相导通的接点应该均与其处于同一个电平状态。实验中可以选用OC门作为检测电路的核心元件,以末点组加载信号作为OC门的控制端信号。当末点组被选中时(即OC门的控制端为"1"),则OC门的输出状态随首点的电平状态变化而变化。由此可见,OC门的输出电平就可以代表与该OC门相连接的各接点的通断状态。由此,检测电路的设计可以如图3.20所示。基于该检测电路,假设被测电缆中的8点和15点短路了,则当8点作为首点加载电压,而末点组选中1组时,Y=0(其余Y=1),G=1(G=0),1组的各OC门中,除8号和15号的OC门输出为1外,其余OC门皆输出0。将该组数据读入计算机中与标准状态比较后,即可判定电缆的实际通断情况。

对于本系统的软件设计,这里给出参考流程如图3.21所示。当然,作为完整的检测实验系统软件,还应当首先在内存ROM区中建立一个试验电缆的标准通断状态表,表中具体内容需按照实际待测电缆状态编制。

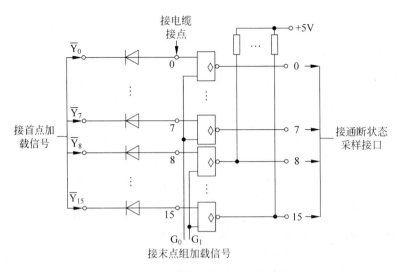

图 3.20 通断状态检测电路参考图

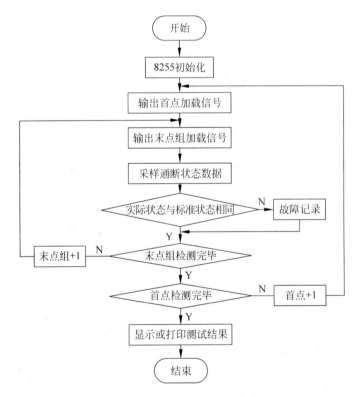

图 3.21 通断状态检测程序参考流程图

在编写通断状态检测程序时,需要注意首点和末点组加载检测指针的变化应当与通断标准状态表的变化顺序相对应。

在设计通断状态检测电路时,首点加载信号和电缆接点之间的隔离二极管不能够缺省。

6. 思考题目

（1）为什么在检测电路中要采用 OC 门作为检测元件？它与一般的门有何区别？

（2）如果实验电路中要求检测 256 个接点的电缆通路，那么接口与译码电路及检测电路应如何修改？

（3）通断状态检测电路中，为什么要加首点加载信号的隔离二极管？若不加，对系统有什么影响？

3.7 出租车计程计价器设计实验

1. 实验目的

自动计程计价器是每辆出租车必备的仪表装置之一，也是一种较典型的微机化自动检测系统。本实验通过设计一个出租车计程计价器，使学生能够：

（1）掌握出租车计程计价器的工作原理和实现方法。

（2）进一步掌握定时器/计数器和并行接口在检测系统中的应用。

（3）进一步掌握定时器/计数器和并行接口的微机接口方法。

2. 实验任务

模拟一个检测车轮转动里程的计程计价系统。要求具有时钟和计程计价显示功能：当启动键被按下时，系统开始计程，同时显示出起价和每公里单价；在行驶过程中，实时显示已行走的里程数和当前累计价格；当清除键被按下时，计程计价器清 0。

3. 实验设备与器材

（1）80x86 系列微机一台。

（2）微机硬件实验平台。

（3）并行接口和定时器/计数器接口芯片。

（4）译码器芯片。

（5）按键开关、数码管。

（6）基本 TTL 电路芯片若干。

4. 实验准备

完成本实验需要 8 学时。实验前要求学生：

（1）根据实验任务和实验思路提示，选择芯片，画出实验系统的硬件连线图。

（2）编写好实验程序。

5. 实验思路提示

要设计一个微机计程计价系统，需要完成以下几个部分的硬件设计：

（1）车轮转动里程检测电路

该电路的主要作用是敏感路程，产生计程脉冲；在具体实现时可采用干簧继电器来作为里程传感器，将继电器安装在与车轮相连接的涡轮变速器的磁铁上，使汽车每前进10m干簧继电器闭合一次，即向里程计数电路发出一个计数脉冲（在本实验中，可以采用一个单脉冲源模拟该脉冲），以使得计数电路进行里程计数。

（2）里程计数中断电路

当车轮转动里程检测电路提供了计数脉冲信号后，里程计数中断电路根据该脉冲信号定时向微机系统发出计数中断请求信号，使系统根据一定的算法对里程数据进行计数计算。

（3）时钟计时与显示电路

设计使用一个定时器/计数器每0.01s向主机发一次中断请求信号。并利用并行接口电路完成对时钟的实时显示功能。同时，利用静态或动态扫描电路完成对出租车的起价、每公里单价以及行驶公里数和当前累计价的显示。

（4）启动及清除电路

在系统电路中，设计一个启动/清除按钮，用来作为启动里程计数或清除里程计数的开关。将该按钮开关接到微机系统的某个中断请求线上，当开关被按下一次时就作为计程启动中断请求；再按下一次时，就作为系统的计程清0中断处理。

完成以上各部分功能的整体电路结构可参见图3.22。

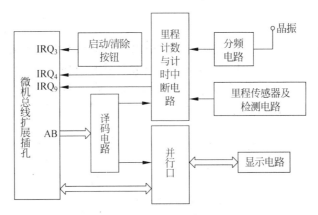

图3.22　出租车计程计价系统整体设计电路框图

该计程计价系统的软件设计分为以下几个模块：

（1）主程序模块

在主程序模块中，需要完成对各接口芯片的初始化、出租车起价和单价的初始化、中断向量的设置以及开中断、循环等待等工作。另外，在主程序模块中还需要设置启动/清除标志寄存器、里程寄存器和价格寄存器，并对它们进行初始化。然后，主程序将根据各标志寄存器的内容，分别完成启动、清除、计程和计价等不同的操作。

当主程序判断出有"启动计程中断"产生时，将根据里程寄存器中的内容计算和判断出行驶里程是否已超出起价公里数。若已超出，则根据里程值、每公里的单价数和起价数来计算出当前的累计价格，并将结果存于价格寄存器中，然后将已行走的里程数和当前累计价格送显示电路显示出来。

当主程序判断出有"清除计程中断"产生时,将显示电路中的当前行驶里程数和运行累计价格清0,并重新进行初始化过程。

关于本实验的主程序流程可参见图3.23。

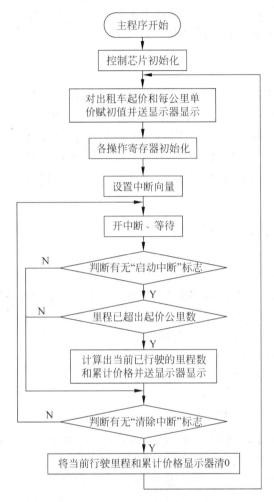

图 3.23 出租车计程计价系统实验的主程序流程图

(2) 定时中断服务程序

在定时中断服务程序中,需要完成对行车时间的累加计数,并将该时间数据和当前时钟送显示电路进行实时显示。

(3) 里程计数中断服务程序

当里程计数器对里程脉冲计满一定数值(如1公里)时,就由里程计数中断电路向微机发出中断请求,使微机进入里程计数中断服务程序中。在该程序中,需要完成当前行驶里程数的累加操作,并将结果存入里程寄存器中。

(4) 启动/清除计程中断服务程序

当系统有启动/清除中断请求产生时,可以设定第一次中断为启动中断,第二次中断为清除中断,并在中断服务程序中将标志寄存器的内容相应置1或清0。其中,标志为1时表示本次中断是启动中断,为0时表示是清除中断。

值得注意的是,由于出租车需要有起始公里数和起价数据,因此在编程时,需将里程寄存器和价格寄存器进行初始化赋值。

由于系统中的启动计程和清除计程两种中断采用同一根中断请求线,因此在设计中断服务程序时,需要设计一个启动/清除标志寄存器来存放当前的中断状态,以便在主程序中根据中断类型的不同进行不同的操作。

6. 思考题目

(1) 如果系统要求设计成白天和晚上(设为 21 点以后)具有不同的计费价格,系统硬件及软件的设计应如何改变? 画出系统实现的硬件框图及软件流程图。

(2) 系统中的计程误差会由哪些因素引起? 应如何提高计程计费的精确度?

(3) 如果要求出租车在遇到塞车或停车等待的情况下,也需要在一定的等待时间内进行等待计时计费,那么,系统应如何进行设计? 写出等待计时计费的算法。

3.8 温控系统设计实验

1. 实验目的

在许多科研机构、生产车间或实验室中,经常需要对工艺过程或环境的温度进行自动调节和控制。通过本实验,旨在使学生:

(1) 了解微机在温度控制系统中的应用。

(2) 初步掌握 PID 算法在微机控制系统中的实现方法。

(3) 学会微机化闭环过程控制系统的组建方法。

2. 实验任务

设计一个由微机控制的水温自动控制系统。可用一杯水作为控制对象,用 1kW 电炉作为升温设备,用电风扇作为降温设备,并要求:

(1) 在 20~90℃温度范围内,可以按照任意设定的理想温度进行恒温控制,控制误差不超过±1℃。

(2) 当温度超过额定值时,发出响铃报警信号。

(3) 实测的水温和需要达到的理想温度均由数码管显示出来。

3. 实验设备与器材

(1) 80x86 系列微机一台。

(2) 微机硬件实验平台。

(3) 定时器/计数器、并行接口、ADC、DAC 芯片。

(4) 温度传感器、继电器、报警器。

(5) 数码管及基本 TTL 电路芯片若干。

4. 实验准备

完成本实验需要 8 学时。实验前要求学生:

（1）重温用 ADC、DAC 转换器组建模拟 I/O 通道的原理和方法。

（2）复习传感器、继电器的工作原理与使用方法。

（3）复习数字滤波算法和 PID 调节算法。

（4）根据实验任务和实验思路提示，选择芯片，画出实验电路的硬件连线图。

（5）编写好实验程序。

5. 实验思路提示

实现恒温调节的基础是检测温度，即在微机控制下，不断地检测实际温度，并将实测温度值与设定温度值进行比较，根据其误差情况，按选定的控制策略进行计算，产生并输出校正控制信号，如此循环往复，将被控温度恒定在设定值上。因此，要设计一个满足任务要求的温控系统，硬件上可从以下几方面来考虑：

（1）温度检测电路

可采用温度传感器将水温变换为电压信号，再经过 A/D 转换器转换成数字信号，然后由微机将温度数据采集进来。其中，温度传感器可以采用 AD590；A/D 转换器可以选用 ADC0809。

（2）定时电路

利用定时电路来完成采样周期的控制，比如可假设采样周期为 30s。30s 定时的实现方法可有多种，为简单起见，可以选用 8253 或 8254 定时器/计数器芯片来实现。

（3）数据显示电路

利用显示电路显示出当前的水温值以及设定温度值，根据任务要求，显示温度设定值和当前水温分别需要两位数码管显示器，因此在设计时，可以用两套共 4 位数码管分别固定显示相应温度，也可以只用两位数码管根据需要控制它们交替显示。

（4）报警电路

可以利用软件将采集到微机中的温度数据与设定值进行比较，如果温度过高或过低，超出了规定的额定范围时，则通过报警电路进行响铃报警。

（5）继电器驱动电路

在将采集的当前温度值与理想设定值进行比较以后，就能判断出温度是否满足要求，如果不满足要求，则利用继电器驱动电路控制执行机构来进行升温或降温操作。

综上所述，可得到整个温控系统的硬件电路框图如图 3.24 所示。

本实验系统的软件设计可以分为主程序模块和定时中断服务程序模块两部分，它们的流程图分别如图 3.25 和图 3.26 所示。

为了减少外界干扰对温度检测精度的影响，有必要将采样得到的数据在作比较处理之前先进行数字滤波处理。比如，可以每个采样周期采集 7 点数据，去掉一个最大值，再去掉一个最小值，将其余 5 个数据取平均值来作为滤波的结果。

另外，为使温度调节效果更好，需要为系统设计一个温度控制的算法。这里假定采用较常见的 PID 算法。

由数字控制原理可知，数字 PID 控制算法的公式为：

$$C_n = C_{n-1} + \Delta C_n = C_{n-1} + P(\Delta e_n + I e_n + D \Delta^2 e_n)$$

式中，e_n 为设定值与第 n 次采样值之差；$\Delta e_n = e_n - e_{n-1}$；$\Delta^2 e_n = \Delta e_n - \Delta e_{n-1}$；$P - K_p$，为

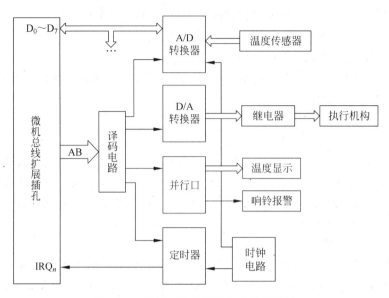

图 3.24　温控系统的硬件电路参考框图

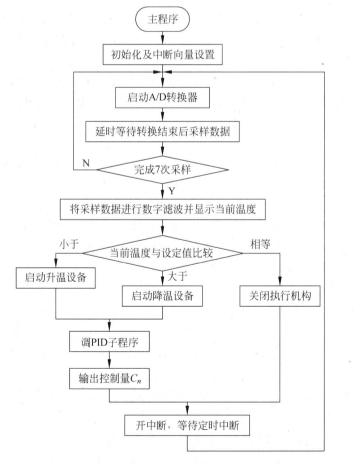

图 3.25　温控实验的主程序模块参考流程图

比例控制参数；$I = \Delta t / T_1$，为积分控制参数；$D = T_D / \Delta t$，为微分控制参数；T_1 为积分时间常数；T_D 为微分时间常数；Δt 为采样时间间隔。

调整以上 PID 算法中 P、I、D 三个参数的取值，将可以得到较满意的控制效果。图 3.27 给出的是 PID 算法的流程图。

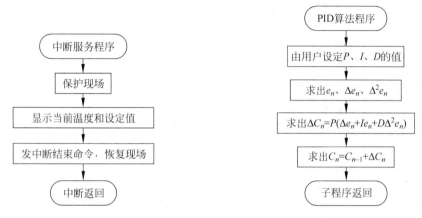

图 3.26　温控实验定时中断服务程序流程图　　**图 3.27　温控实验的 PID 算法程序流程图**

在设计 PID 算法程序时，应该考虑参数调整的友好性，所以应该设计提示用户输入 P、I、D 参数的界面。同时，在程序初始化时还需要设计用户输入理想设定温度的提示。

在程序设计时，当采样温度的当前值与设定值进行比较后，如果数值不相等，就启动执行机构（如图 3.25 的流程图所示）。此外，还需要将当前温度与理想温度的差值与设定的额定值进行比较，如果大于额定值，需要发出报警信号，以提醒用户当前温度过高或者过低。

6. 思考题目

（1）在实验中如果要求测量多点温度参数，系统的软件和硬件设计如何考虑？

（2）如果要求温度控制曲线为一个梯形折线，软件应如何修改？

3.9　机械手群控系统设计实验

1. 实验目的

在工业控制系统中，利用一台计算机对多台机械设备进行控制的应用越来越广泛，本实验旨在通过对机械手群控系统的设计，使学生能够：

（1）了解微机在群控系统中的应用。

（2）熟悉计算机分时操作的原理与方法。

（3）掌握机械手群控系统的设计方法与一般结构。

2. 实验任务

设计一个由微机控制两台机械手完成指定操作序列的控制系统，要求被控制的机械手的动作顺序按照设定的操作顺序进行。具体要求如下：

（1）对两台机械手进行群控操作，使它们能够完成平伸、平缩、上升、下降、左旋、右旋、握紧和松开 8 种基本操作。

（2）两台机械手的基本操作顺序可以不同，可由用户自行设定。

（3）在实验中，可以用继电器和灯泡模拟机械手的各个基本操作的状态；而用钮子开关模拟机械手的各个动作是否完成的状态信号。

3. 实验设备与器材

（1）80x86 系列微机一台。

（2）微机硬件实验平台。

（3）定时器/计数器、并行接口芯片。

（4）继电器、驱动器、灯泡及钮子开关若干。

（5）基本 TTL 电路芯片若干。

4. 实验准备

完成本实验需要 8 学时。实验前要求学生：

（1）复习驱动器芯片和继电器的工作原理与使用方法。

（2）复习定时器/计数器和并行接口的工作原理和使用方法。

（3）根据实验任务和实验思路提示，选择芯片，画出实验电路的硬件连线图。

（4）编写好实验程序。

5. 实验思路提示

利用一台微机同时控制几台甚至几十台机械设备工作的系统被称为"微机群控"系统，实际上该群控系统是利用微机分时操作的原理实现的。也就是说，微机将一直处于一种繁忙的中断方式之中，在微机对每一次中断响应的过程中，微机将控制完成某一台设备的一个动作。因此，实现微机群控的基本条件就是所有被控设备的工作均为多个单一动作的组合，并且每一个单一动作都能够由开关量来控制。机械手的操作过程就恰好可以满足这一条件。

要实现本实验任务所要求的群控功能，可以考虑从以下几方面进行硬件电路的设计。

（1）定时中断电路

由于要求设计一个分时操作的机械手群控系统，因此首先需要设计一个定时中断电路，要求它每隔一定时间（该时间可由用户自己设定）向微机发出一次中断请求，而对应每一次中断请求，微机仅处理一台机械手的一个基本操作。定时电路不断向微机发出中断时，微机便轮流处理不同机械手的一个动作。这样便实现了多机械手的分时操作。定时中断的周期应由群控系统中完成一个基本操作所需的时间来决定，在本实验中不妨假定该周期为 20ms。

（2）并行 I/O 接口电路

当微机接收到中断请求信号后，中断服务程序将根据设定好的动作顺序、动作要求和中断标志寄存器值，将某一机械手下一个动作对应的控制字写入并行输出接口，再经继电器控制电路,使机械手完成指定动作。另外,机械手的各个动作是否完成的状态信号,也可通过并行输入接口反馈到微机中供查询和判断。

(3) 继电器控制电路

当并行输出接口将动作控制数据(控制字)送入继电器控制电路以后,各继电器将驱动机械手完成相应的动作。

实际上,由于继电器的驱动电流要求较大,所以一般要在它前面再加一级功率放大电路。

综上所述,可以得到本机械手群控实验系统的硬件结构框图如图 3.28 所示。

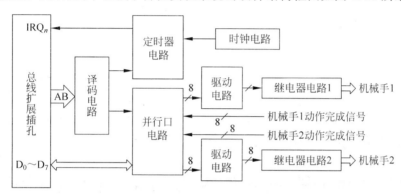

图 3.28 机械手群控系统实验的电路总体设计框图

为了设计本实验的应用软件,首先可对两台机械手需要完成的全部基本操作进行编码,然后根据编码信息,按照用户需要的顺序,为各机械手在内存中建立一个动作控制信息表(即顺序控制字表)及表指针。从表首址起顺序移动表指针的位置,将所指单元的控制字输出到并行口,即可控制机械手完成指定的动作序列。要改变动作序列,只要改变动作控制信息表中控制字的存放顺序即可。另外,对 8 个基本操作的编码方式也可有不同,可编成 3 位二进制码,也可编成与 8 个基本操作(动作)直接对应的 8 位二进制码。编码方式不同,对并行输出接口的具体设计有直接的影响。

例如,若将机械手的 8 个基本操作编成表 3.2 所示的 8 位二进制码,要求两台机械手按表 3.3 左半部给定的顺序进行操作,则可得到两机械手的动作控制信息表如表 3.3 右半部所示。

表 3.2 机械手基本操作编码表(示例)

基本操作	编码								对应十六进制码
	8 位二进制码								
平伸	0	0	0	0	0	0	0	1	01H
平缩	0	0	0	0	0	0	1	0	02H
上升	0	0	0	0	0	1	0	0	04H
下降	0	0	0	0	1	0	0	0	08H
左旋	0	0	0	1	0	0	0	0	10H
右旋	0	0	1	0	0	0	0	0	20H
握紧	0	1	0	0	0	0	0	0	40H
松开	1	0	0	0	0	0	0	0	80H

表 3.3　两台机械手操作顺序（示例）及其对应动作信息表

操作顺序			动作控制信息表		
顺序	基本操作		表序	控制字	
	1# 机械手	2# 机械手		1# 机械手	2# 机械手
1	平伸	左旋	1	01H	10H
2	上升	平伸	2	04H	01H
3	握紧	下降	3	40H	08H
4	下降	松开	4	08H	80H
5	平缩	右旋	5	02H	20H
6	左旋	握紧	6	10H	40H
7	松开	上升	7	80H	04H
8	右旋	平缩	8	20H	02H

根据以上说明，不难设计出本实验系统的软件。整个系统软件可分为三部分：主程序，定时中断服务程序和机械手操作子程序。

（1）主程序

主程序中，应完成可编程接口芯片的初始化、中断向量设置等常规操作，以及按上述说明，设置两机械手动作控制信息表及表指针，并将表指针指向表首址。此外，还要设置一个中断标志寄存器，用来管理中断服务程序应该对哪一台机械手进行操作。在主程序中可以先将它赋值为 0，表示下一次中断是对 1 号机械手进行操作。

（2）定时中断服务程序

在定时中断服务程序中，首先需要判断中断标志寄存器中的内容，如果为 0，则调第一台机械手的操作子程序；如果为 1，则调第二台机械手的操作子程序。

（3）机械手操作子程序

在机械手的操作子程序中，需要检测机械手的动作完成状态信号，如果动作未完成，则直接将中断标志寄存器中的内容改为另一台机械手的标志，表示在下一次中断时，对另一台机械手进行操作，而当以后再回到该机械手操作时，将重新完成本次未完成的动作；若检测到机械手动作已结束，则使该机械手的动作控制信息表指针加 1，并将中断标志寄存器中的内容改为另一台机械手的标志。

图 3.29～图 3.31 分别给出了主程序、定时中断服务程序和机械手操作子程序的参考流程图。其中机械手操作子程序实际上有两个，每台机械手对应一个。

由于本实验系统中采用了继电器作为负载驱动电路，本身就具有输入、输出回路之间的电隔离作用，所以不需要再增加一级光电耦合隔离电路。

机械手基本操作的编码方式对并行接口和操作程序的设计有直接影响，设计时要注意它们之间的匹配。

6. 思考题目

（1）若某动作一直未完成，系统将会出现什么现象？请在实验中做相应模拟实验。

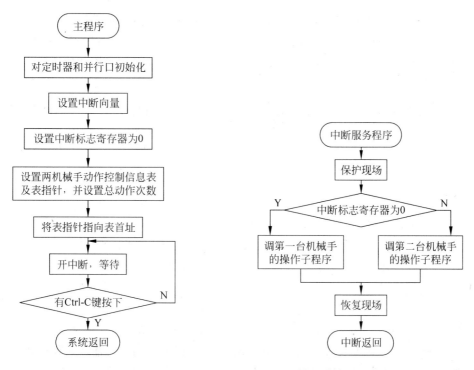

图 3.29 机械手群控实验的主程序
流程图

图 3.30 机械手群控实验的中断服务程序流程图

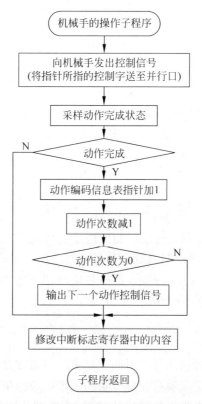

图 3.31 一台机械手操作控制子程序流程图

（2）如果在实验中不采用定时器电路，而使用机械手的动作完成信号作为系统的中断请求信号，那么系统应如何设计？画出相应的硬件结构示意图并说明设计思路。

（3）如果实验要求同时控制 5 台机械手，系统的软、硬件设计应该如何考虑？

3.10　广播电视节目自动播放系统设计实验

1. 实验目的

广播电视节目自动播放系统是一种典型的时间顺序控制系统。通过本实验，旨在使学生能够：

（1）了解广播和电视节目自动播放的原理和实现方法。

（2）进一步掌握定时器/计数器和并行接口电路的工作原理和使用方法。

（3）熟悉微机化时间顺序控制系统的特点和设计思路。

2. 实验任务

设计一个由微机控制的广播电视节目自动播放系统，要求：

（1）系统具有控制 15 台播放机自动播放的能力，但可只用 4 台播放机做模拟实验。

（2）用灯泡模拟节目的播放，灯泡亮表示节目正在播出，灯泡灭表示节目结束；用响铃器模拟节目播放故障的报警；用钮子开关模拟节目带标识信息和结束信号。

（3）自制一个一天节目时间表，进行自动播放模拟实验。

3. 实验设备与器材

（1）80x86 系列微机一台。

（2）微机硬件实验平台。

（3）定时器/计数器、并行接口芯片。

（4）继电器、灯泡、钮子开关以及响铃器。

（5）基本 TTL 电路芯片若干。

4. 实验准备

完成本实验需要 8 学时。实验前要求学生：

（1）复习定时器/计数器和并行接口的工作原理与使用方法。

（2）复习或学习时间顺序控制的概念和实现方法。

（3）根据实验任务和实验思路提示，选择芯片，画出实验的硬件电路连线图。

（4）编写好实验程序。

5. 实验思路提示

广播和电视节目的播放内容、开播时间和结束时间通常是固定的，每天的节目除了直播之外，其余的所有节目都是录制在相应节目的磁带或录像带上。因此，要实现广播电视节目的自动播放，应该首先将当天各节目的磁带/录像带分别安排在几台播放机上，然后按照节目表安排的顺序和播放时间,对各播放机进行启停操作控制,以达到按时、按顺序播放节目的目的。

另外,要实现广播、电视节目的自动播放,还需要事先在所有节目带的带头上加入一串规定的二进制信息代码,用来作为各节目带的标识信息。而在微机中,也应该按照节目表的播放顺序将各节目带的信息代码存储起来。当系统进行自动播放操作时,将按照节目表的时间顺序和相应的节目带信息代码去查找带上的节目带标志,如果查找到,则开始播放相应的节目;如果查找不到,则发出错误报警信号。此外,还需要在节目带各结尾处录制上一组结束标志信息,当遇到结束标志时,系统将关闭该台播放机而启动下一台播放机,从而进入下一个节目的播放。

在本实验中,只需要模拟实现节目的自动播放过程,所以,可以使用钮子开关模拟节目的标识信息和结束信息;用继电器连接灯泡发亮模拟播放机的运转和节目的播出;用响铃器模拟播放故障的报警。

要实现本实验系统,硬件上可以采用并行接口和定时器/计数器,再结合微机本身的中断机制来共同完成以下几点:

(1) 利用定时器/计数器电路完成时钟的功能,使得节目的播放按照定时器/计数器计时的时间顺序来控制。

(2) 利用并行接口电路向播放机发出播放信号(使继电器接通,灯泡亮),并当节目结束时关闭播放机(继电器断开,灯灭);当查找不到节目标志时,系统也将通过并行接口电路发出报警信息(报警器响铃)。

(3) 将节目带结束信号(由钮子开关发出)连接到微机的中断线上,使系统在中断服务程序中关闭播放机。

本实验系统的硬件结构示意图可参见图 3.32。

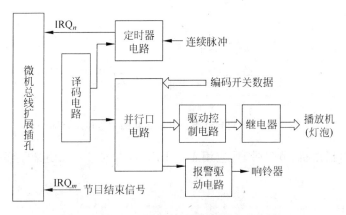

图 3.32　节目自动播放系统的硬件结构示意图

本实验的软件设计可以分为两部分:主程序和中断服务程序。其中,中断服务程序又分为时钟中断和播放结束中断两个中断服务程序。图 3.33 和图 3.34 分别给出了主程序和播放结束中断服务程序的流程图。关于时钟中断服务程序,前面很多实验中都用到过,所以这里从略。实验者可以参阅第 2 部分的实验 10。

在设计本系统软件时,应该设计一个所有节目播放结束标志。当程序查到有该结束标志时,系统将停止播放操作并退出。

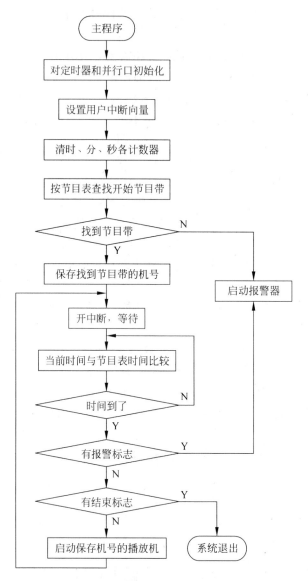

图 3.33　节目自动播放系统实验的主程序流程图

实验时每台播放机（节目带）均应用 4 个 LED 来模拟 4 位二进制标识信息码或节目结束标志码。

6. 思考题目

（1）如果系统中要求插入直播节目，在直播播出的时间里，其他节目停播；待直播节目结束之后，再按照时间表上的节目继续播出。系统的软、硬件应如何设计？给出基本框图和流程图。

（2）广播电视节目的播放对时间的实时性要求较高，而这种实时性是以时钟的准确性为基础的。为了提高时钟的准确性，可采取什么办法？在定时中断周期一定的条件下如何减少时钟误差？

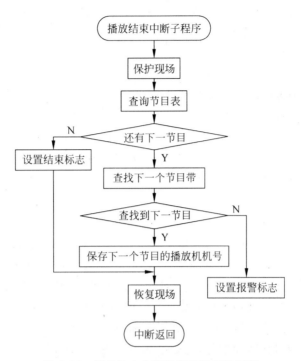

图 3.34 播放结束中断服务子程序流程图

3.11 智能化数字频率计设计实验

1. 实验目的

数字频率计是用来对脉冲信号和正弦波信号等各种波形进行频率测量的仪器,它将测量的结果直接用十进制数显示出来。本实验通过设计一个由微机控制的数字频率计,旨在使学生能够:

(1) 进一步掌握定时器/计数器的原理及应用方法。

(2) 熟悉数字频率计的测量原理与实现方法。

(3) 掌握微机化数字频率计的设计思路。

2. 实验任务

设计并实现一个由微机控制的数字频率计,具体要求如下:

(1) 能测量 1Hz~10MHz 频率范围的矩形波和正弦波的频率或周期。

(2) 在全频率范围内测量误差小于 0.1%。

(3) 以十进制数字显示出被测信号的频率或周期。

3. 实验设备与器材

(1) 80x86 系列微机一台。

(2) 微机硬件实验平台。

（3）定时器/计数器、并行接口芯片。

（4）基本 TTL 电路芯片若干。

4. 实验准备

完成本实验需要 8 学时。实验前要求学生：

（1）预习本实验的原理提示。

（2）复习定时器/计数器和并行接口芯片的工作原理与使用方法。

（3）根据实验任务和实验思路提示，选择芯片，画出实验的硬件电路连线图。

（4）编写好实验程序。

5. 实验思路提示

根据频率的定义，要测量某一波形的频率，实际上就是要测出单位时间内该波形出现的个数。实现频率测量的原理性框图如图 3.35 中实线所示。被测信号或直接（对矩形波）、或经放大整形后变成矩形波（对正弦波等非矩形波），通过一个称为闸门的开关电路（通常为"与"门或者"与非"门）去计数器计数。闸门的开启时间由时基电路经门控电路控制。假定闸门开启时间为 T，计数器计数值为 N，则可得被测信号的频率为 $f=N/T$。图中时基电路提供基准时钟脉冲信号，它是准确测量的基础；门控电路实质上是一个二分频器（单个触发器），用于将时基信号周期 T 变换为脉宽 T，使闸门每次测量只开启时间 T。

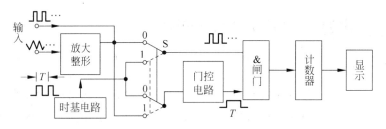

图 3.35　数字频率计原理框图

如果将图 3.35 中的双刀双掷开关 S 由 0 拨到 1，该图便由频率测量图变成了周期测量图，因为这时被测输入信号和时基信号交换了位置，使被测信号的周期变成了门控信号，而时基信号反而变成了通过闸门去计数器计数的信号。显然，若计数结果为 N，而已知时基信号周期为 T，则可知被测信号周期为：$T=NT$。

我们知道，同一信号的频率和周期互为倒数。因此，本质上图 3.35 中的开关 S 无论打到 0 还是 1 位置，都既可测频率又可测周期。但无论哪种测法，计数器的计数结果都有 ±1 个字的误差。正是这 ±1 个字的固定绝对误差，使得可以得出一个结论：闸门的开启时间内脉冲信号的通过个数越多，测量带来的相对误差就越小。换句话说，产生门控时间的脉冲周期与通过闸门去计数的脉冲的周期相差越大，测量的精度就越高。因此，对于低频被测信号，采用周期测量法有较高的精度，而用频率测量法误差较大；相反，对高频信号，则用频率测量法比用周期测量法的精度高。如果要求频率计工作在一个从低频到高频，甚至超高频的很宽的频率范围内，则可分成两大频率段，低频段采用周期测量法测周期、测频率,高频段采用频率测量法测频率、测周期。例如本实验任务要求被测信号频率范围为 1Hz～10MHz,可把 1Hz～500kHz 作为低频段处理,而把 500kHz～10MHz 作为高频段处理。如果高、低频段的频域还很宽时,为了提高测量精度,可进一步将高、低频段细分为几个子频段,各个子频段中采用不同的时基信号频率。子频段的频率越高,要求使用的时基频率越高;反之,要求使用的时基频率越低。至于各子频段的时基频率究竟选多高,在采用周期测量法的低频段和采用频率测量法的高频段,选取原则不同:在低频段,应根据各子频段的上限频率和测量误差要求来选取其时基频率;在高频段,则应根据各子频段的下限频率和测量误差要求来选取其时基频率。例如,本实验要求测量误差小于 0.1%,当把低频段分为 1Hz～100kHz 和 100～500kHz 两个子频段时,它们的时基频率应分别按 100kHz 和 500kHz 的 1000 倍以上来选取,即分别不低于 100MHz 和 500MHz;而当把高频段分为 500kHz～5MHz 和 5～10MHz 时,则它们的时基频率应分别按 500kHz 和 5MHz 的 1/1000 以下来选取,即分别不高于 500Hz 和 5kHz。

综上所述,可以得到综合了频率测量法和周期测量法的最佳特性的数字频率计原理性框图,如图 3.36 所示。图中,S_1 为一个三刀双掷开关,置于 0 时,为高频档,按频率测量法测量高频信号;置于 1 时,为低频档,按周期测量法测量低频信号。S_2 和 S_3 分别为高频和低频分档开关,S_2 置于 0 和 1 时,分别对应于 500kHz～5MHz 频段和 5～10MHz 频段;S_3 置于 0 和 1 时,分别对应于 1Hz～100kHz 频段和 100～500kHz 频段。

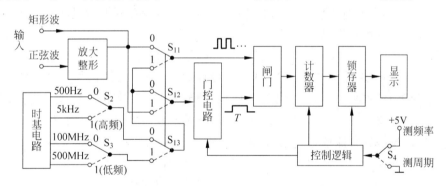

图 3.36 综合特性良好的数字频率计原理框图

至于对输入信号究竟是测频率还是测周期,则可通过再设置一个开关 S_4 来由操作员控制(如图 3.36 中所示),然后由系统根据 S_4 状态对每次测量后的计数器值进行不同的运算,即可得到频率或周期。

如果用微机来控制完成图 3.36 所示的频率计功能,其中的全部逻辑电路(放大整形和显示电路除外)均可由一个可编程定时器/计数器芯片和一个并行接口,外加必要的外围电路来实现。图 3.37 给出了相应的智能化数字频率计的硬件结构示意图,可供实验者参考。图中,定时器/计数器作为主要控制部件,用来完成对被测脉冲的计数和时基信号的选择。如果选用 8253/8254,可以将它的一个计数器通道设置为定时器工作方式,通过产生定时中断来提供计数结束的时间基准;而将另一个计数器通道设置为计数器工作方式,用来对被测脉冲进行计数。在实验中,根据需要可以通过用软件改变定时器的计数初值来改变计数时间的长短(相当于图 3.36 中闸门开启时间的长短),使得测量精度可以灵活选择。

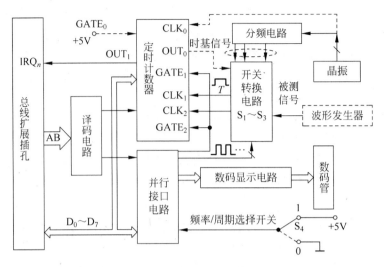

图 3.37　智能化数字频率计实验的硬件结构示意图

图 3.37 中的并行接口主要实现 4 个功能：一是将测量结果送出去显示；二是发出计数器和定时器的同步控制信号，通过将一根输出端口线同时连接到计数器和定时器的门控端来实现两者工作的同时启停；三是输出开关转换控制信号，以实现频率测量法和周期测量法的选择，以及时基信号频率的选择；四是输入频率/周期测量转换开关的状态，以实现测量频率和测量周期的选择。

对图 3.37 中的两个定时器/计数器通道也可以不按上述设置，而改作另一种安排：令它们都工作于计数器方式，一个对时基信号计数，一个对被测信号计数。这时，取消 OUT_1 至 IRQ_n 的中断请求连线，但两个计数器仍受同一门控信号控制。这样，设时基信号周期和计数值分别为 $T_基$ 和 $N_基$，被测信号周期和计数值分别为 $T_信$ 和 $N_信$，则有 $T_基 N_基 = T_信 N_信$，即被测信号周期、频率分别为：

$$T_信 = \frac{T_基 N_基}{N_信}, \quad f_信 = \frac{1}{T_信}$$

只要计数时间相对于被计数的两个信号的周期都足够长，就可保证必要的测量精度。

按照这种安排方案，图 3.37 中的时基信号既可以如图中实线所示，由晶振和外部分频电路组成时基电路来产生，也可以像虚线所示，用第三个定时器/计数器通道，使其工作于方波发生器方式来产生。这样一来，要改变时基频率，只需通过编程改变该计数器通道的计数初值即可。

显然，上述两种安排方案对软件的设计要求是不同的。假若采用第一种方案，则实验系统的软件应从主程序和中断服务程序这两部分来考虑和设计，具体实现可参考图 3.38 和图 3.39 所示的流程图。

由于计数器通道是从初值开始作减 1 计数的，所以当读取计数完成的计数器值后，应将计数初值减去计数终值才是真正的计数值。中断服务程序流程图中的"对计数器内容求反"就是与主程序中将计数器初值设为 FFFFH 相对应的。如果设置别的计数初值，则这里也要作相应改变。

为了读计数器内容，一定要先发读回命令或锁存命令。

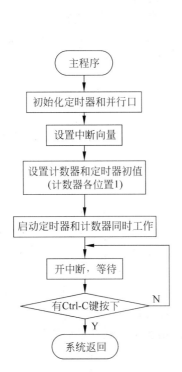

图 3.38　智能化数字频率计实验的主程序流程图　　图 3.39　频率计实验的中断服务程序流程图

6. 思考题目

（1）系统中被测信号的频率范围与时基信号的频率之间应有什么关系？频率测量法和周期测量法对时基频率有什么不同的要求？

（2）如果要设计频率超出测量范围的故障报警，硬件和软件设计上要做哪些考虑？

（3）若要为频率计增加自校和量程自动转换的功能，应如何考虑？

3.12　智能化多功能波形发生器设计实验

1. 实验目的

多功能波形发生器是科学实验研究中常用的电子仪器之一。本实验通过设计一个由微机控制的多功能波形信号发生器，旨在使学生能够：

（1）熟悉几种典型波形产生的原理。

（2）进一步掌握 D/A 转换电路在智能化仪表装置中的应用。

（3）了解由微机控制的多功能波形发生器的设计思路与实现方法。

2. 实验任务

设计一个由微机控制的多功能波形发生器,具体要求如下:

(1) 该发生器能够在操作人员控制下输出正弦波、方波、三角波或锯齿波波形。

(2) 这些波形的极性、幅度、周期、占空比(对矩形波而言)等可由操作人员设置和修改。

(3) 通过示波器显示、检验产生的波形。

3. 实验设备与器材

(1) 80x86 系列微机一台。

(2) 微机硬件实验平台。

(3) 示波器一台。

(4) 定时器/计数器和 DAC 接口芯片。

(5) 基本 TTL 电路芯片若干。

4. 实验准备

完成本实验需要 8 学时。实验前要求学生:

(1) 复习定时器/计数器和 D/A 转换器的工作原理与使用方法。

(2) 根据实验任务和实验思路提示,选择芯片,画出实验的硬件电路连线图。

(3) 编写好实验程序。

5. 实验思路提示

任何一个随时间连续变化的波形都可以分解成许多离散的数据点,每周期中数据点的个数取决于周期的长短和数据点间时间间隔的大小,而各点数据的幅值则与连续波形的变化规律相同,也随时间的变化而变化。

因此,要实现各种波形的输出,可以利用一个定时器/计数器,控制微机系统周期性地定时输出一些随时间有规律变化的数据,这些数据的变化规律与要求的输出波形相一致。这样,就可以得到需要的输出波形了。输出波形曲线的光滑程度取决于每周期中数据点的多少,或者说数据点间时间间隔的长短。数据点越多,时间间隔越短,输出曲线越光滑。

为了按实验任务要求产生几种不同的波形,特作如下几点提示:

(1) 可预先在内存数据区中建立各种波形的一周期输出数据表。然后,每来一次定时中断信号或每延时一定时间,循环地依次从表中取一个数据输出,便可得到相应的波形。

要想看到产生的波形,必须将微机输出的二进制数据变换为模拟电压或电流信号送往示波器。为此,需要采用 D/A 转换器。D/A 转换器的位数取决于所需的精度和分辨率。位数越多,一个周期中的数据点数就可越多,波形自然就越光滑、越准确。建议本实验中采用 12 位 DAC1210 作为 D/A 转换器。

(2) 对于方波、锯齿波、三角波波形,也可不预先建立输出数据表,而直接根据波形特点,依次将每点输出数据加/减一个数或在上、下限值上交替变化来实现。

（3）数据点输出的间隔可以采用定时器/计数器硬件控制，也可以采用软件延时控制，前者控制精度较高，后者实现简单。通过改变输出间隔即可达到改变波形周期的目的。

（4）为了改变波形幅度，可采用预置和修改上、下限幅值的方法来实现，如12位DAC满量程输出为10V，要求输出幅度在2～8V范围内变化，则每一步（数据每变化1）的电压值为$10V/4096 = 0.002V$，上、下限数据分别为$8V/0.002V = 4000 = 0FA0H$和$2V/0.002V = 1000 = 3E8H$。

（5）改变上、下限值输出的延时时间，可改变矩形波的占空比。

综上所述，假设还是采用定时器硬件定时和建立输出数据表的方案来实现本实验任务，则可得到本实验的硬件结构示意图如图3.40所示。

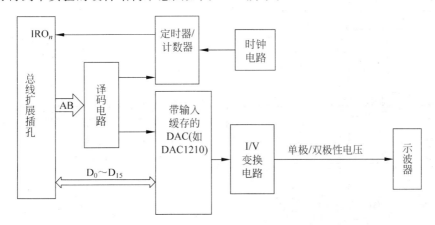

图3.40　智能化波形发生器实验的硬件结构示意图

关于实验系统软件，在主程序中，需要完成对定时器/计数器的工作方式及初值的初始化设定；以及对不同波形数据表格的选取等功能。当周期表格数据结束时，需将指针重新指向表格起始地址。在中断服务程序中，需要完成从数据表格中取数据并送到D/A转换器的功能，同时需要将数据表格的指针加1。主程序和中断服务程序的参考流程图如图3.41和图3.42所示。

在实验中，需要对波形数据表格进行读数，并需要判断表格是否结束。因此在软件编程的过程中，应该对表格的长度进行计算并设置，或在表格的末尾加上一个结束标记，以便于系统作出判断。

如果选用的D/A转换器是不带输入缓存的DAC，硬件上必须为它再提供一个数据输入锁存器。

6.思考题目

（1）本实验采用设计波形数据表格的方法先对波形数据进行存储，然后再用定时器/计数器控制数据定时输出。在这种方式下，显示波形的平滑程度取决于哪些因素？为什么？

（2）要产生正弦波等非脉冲波，如果不采用预先建立输出数据表的方法，还有没有其他方法？

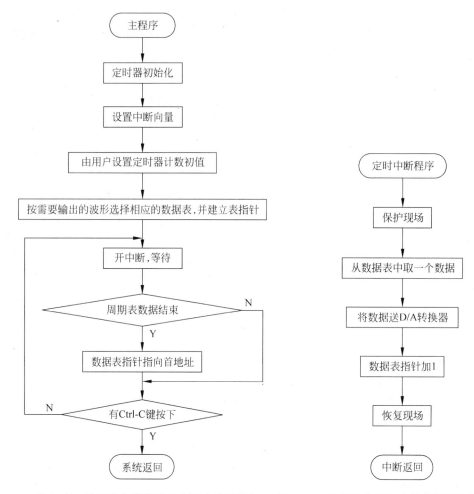

图 3.41　波形发生器实验的主程序流程图　　图 3.42　波形发生器实验的中断服务程序流程图

3.13　智能化竞赛抢答器设计实验

1. 实验目的

在现代生活的许多智力竞赛和娱乐节目中,经常需要应用竞赛抢答器来供多人或多组对一些题目进行抢答。本实验通过设计一个微机控制的竞赛抢答系统,旨在使学生:

(1) 了解微机化竞赛抢答器的设计原理和实现方法。

(2) 进一步掌握定时器/计数器、并行接口芯片和中断控制器的工作原理与使用方法。

(3) 进一步加深对中断机理的认识。

2. 实验任务

设计并实现一个用微机控制的智力竞赛抢答器,具体要求如下:

(1) 可供 8 组同时抢答,由按钮控制。

(2) 能显示出最先抢答的组号,而对其他组的抢答不予理睬。

(3) 对主持人未按启动钮之前就按抢答钮的犯规组,亮红灯警告。

(4) 对抢答后的回答时间进行计时控制,如回答超时,则以音响报警。

3.实验设备与器材

(1) 80x86 系列微机一台。

(2) 微机硬件实验平台。

(3) 定时器/计数器、并行接口芯片。

(4) 基本 TTL 电路芯片若干。

4.实验准备

完成本实验需要 8 学时。实验前要求学生:

(1) 弄清抢答器的控制和相互制约机理。

(2) 复习定时器/计数器、并行接口和中断控制器的工作原理与使用方法。

(3) 根据实验任务和实验思路提示,选择芯片,画出实验的硬件电路连线图。

(4) 编写好实验程序。

5.实验思路提示

本实验的关键是准确判断出最先抢答者的信号并锁存,而同时不理睬其他抢答者的信号。为此,可将 8 个抢答按钮信号通过一个 8 位并行输入口接至微机中。当主持人启动抢答过程后,微机通过该并行输入口循环对 8 路抢答信号进行采样。当采样到某一组的抢答信号已经发出时,立即停止采样,并记录下该抢答组的组号。每路抢答按钮电路可以参考图 3.43 进行设计。从图 3.43 可知,当 8 组均未按下抢答按钮时,送入到并行接口的 8 位抢答状态数据都为 0。而当微机采样到这 8 位数据不为 0 时,则表示有一组获得了抢答的机会。然后通过逐位查询各位状态,判断出是哪一组抢答成功。最后,利用并行输出接口将抢答成功的组号显示出来。在本实验中,可以仅用一位 7 段数码管来显示抢答选手的组号。

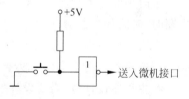

图 3.43 一路抢答按钮电路

为了对抢答后的回答时间进行计时控制,可以利用一个可编程定时器/计数器,先置计数初值,再计时,当计时时间到后,由并行接口输出一个响铃信号提示抢答选手的回答时间已到。

由于本系统要求对犯规的组亮红灯警告,所以要设置一个启动按键,在主持人按下启动按键之前,如果有抢答钮被按下,则该抢答选手犯规,可以通过并行接口输出一个信号使该组的红色发光二极管点亮以示意该组选手犯规。在设计中可以采用中断的方式输入启动按键的状态,为此可以将启动按键信号直接接到微机的某根中断请求线上。

综上所述,本实验的硬件电路可参考图 3.44 所示的硬件结构示意图进行设计。

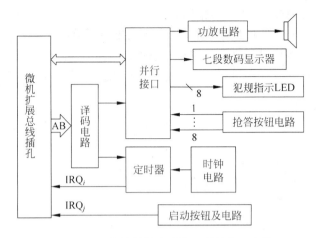

图 3.44　智能抢答器实验的硬件结构示意图

实验的软件设计可以分为主程序、启动中断服务程序和定时中断服务程序三部分。

启动中断服务程序完成的任务较单一,只需要对启动标志进行记录。例如,可以在主程序中设置一个启动标志并清 0,当启动按钮被按下后,系统进入中断服务程序。这时,只需要在中断服务程序中将启动标志置 1 即可,系统在返回主程序后将查询该标志,以确定抢答是否开始。

在主程序中,当判断有抢答钮被按下时,需要判断启动标志是否为 1,如果系统还没有启动,则抢答结果为无效,且判该抢答组犯规。此时,将通过并行接口送出点亮该组红色发光二极管的信号,提示有犯规行为。另外在主程序中,还要对抢答回答时间进行初始化赋值,当回答开始后,如果回答超时,则要通过并行接口送出响铃报警信息以提示超时。

定时中断服务程序,主要是完成对回答问题时间的计时操作,当定时器每发一次定时中断时,时间计数器加 1。

本实验的主程序和启动中断服务程序的设计可参见图 3.45 和图 3.46。定时中断服务程序的流程图在本书前面实验已经有较详细的介绍,这里不再重复。

在主程序设计时,需要设计一个回答问题的计时标志,当抢答有效时,就将计时标志置 1。这样,在定时中断服务程序中,应该首先判断计时标志,当计时标志为 1 时,方开始计时;否则直接中断返回。

在本系统的程序设计中,每次回答完问题并需要继续进行抢答竞赛时,应该将所有的标志和定时器、计数器等进行重新初始化;否则系统将不能正常工作。

6. 思考题目

(1) 如果系统还要求为每组设置一个记分及显示电路,开始时均预置成 100 分,抢答后由主持人记分,答对一次加 10 分,否则减 10 分。系统的软件、硬件设计应如何考虑?

(2) 在本实验系统中,使用软件对并行接口的抢答按钮信号进行采样,试分析该方式与中断方式控制操作的优缺点。

(3) 如果考虑到有几个组同时按抢答钮的可能性,在设计时可采取什么措施?

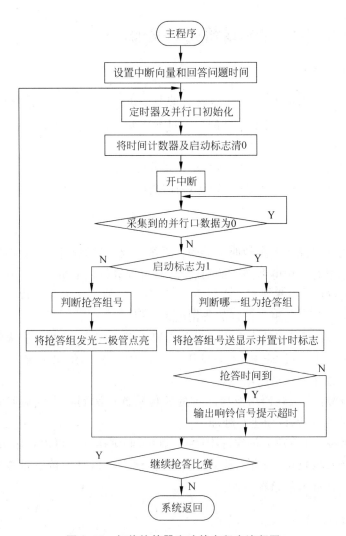

图 3.45 智能抢答器实验的主程序流程图

图 3.46 抢答器实验的启动中断服务程序流程图

3.14 多功能电话服务系统设计实验

1. 实验目的

在通信业十分发达的今天,对电话服务的要求也越来越高,电话的使用已经不单单是用于通话,而往往还具备多种其他功能。通过本实验,旨在使学生能够:

(1) 了解智能电话服务系统的各种功能及其实现原理、方法。

(2) 掌握利用微机实现多功能电话服务系统的设计思路。

(3) 熟悉微机硬件技术在家电行业中的广泛应用。

2. 实验任务

设计一个由微机控制的多功能电话服务系统。要求该系统除可以完成电话留言和远程利用室内电话进行家用电器遥控的功能外,还可以进行以下情况的自动报警:

(1) 盗窃报警:当检测到有人进入室内,但在一定的时间内不能取消报警时,将自动拨通主人的电话、BP 机或事先留好的备用电话号码。

(2) 火灾报警:通过安装在室内各处的火警传感器探头,检测到有火情时,报警装置将自动拨通主人的电话或 BP 机,并自动拨打 119 火警电话,给出火灾的发生地点;然后可以继续拨打其他相关人员的电话。

(3) 煤气报警:安放在厨房及房间各处的传感器检测到有煤气泄漏时,将立即拨打主人和相关人员的电话,以便进行处理。

(4) 急救报警:在有病人的家庭中(如高血压、心脏病等),可以在床头或容易触摸到的地方安装一个报警按钮,当有急救情况发生时,病人可以马上按下报警按钮,系统将自动拨打家属的电话和医院急救电话。

3. 实验设备与器材

(1) 80x86 系列微机一台。

(2) 微机硬件实验平台。

(3) 自动拨号芯片、语音芯片、键盘/显示芯片和 A/D 转换芯片等。

(4) 遥控发送和接收装置。

(5) 烟雾传感器、气体探测器、光电感应器、按键开关、电话线路等。

(6) 基本 TTL 集成电路芯片若干。

4. 实验准备

完成本实验需要 10 学时。实验前要求学生:

(1) 学习自动拨号芯片、模拟语音芯片和遥控装置的工作原理与使用方法。

(2) 弄清多功能电话服务系统各项功能的内涵与实现思路。

(3) 根据实验任务和实验思路提示,选择芯片,画出实验的硬件电路连线图。

(4) 编写好实验程序。

5. 实验思路提示

要实现满足本实验任务要求的多功能电话服务系统,需要对以下几种电路进行设计:

(1) 电话接收控制与自动拨号电路

该电路主要用于完成对电话信号的自动收发控制。其核心是设计一个 DTMF 数据收发和信号音判断模块,以完成对 DTMF 数据的发送或接收、对信号音的接收和带通滤波等功能。例如,可以使用 MT8880、MT8888 等芯片来作为该模块的核心芯片。另外,由于系统是通过电话线来连接的,因此还需要设计一个摘、挂机的控制电路,通过它将电话信号进行极性变换、光电隔离和放大,最后耦合到 DTMF 数据收发和信号音判断电路中去。

在设计电话接收控制这部分电路时,需要设计一个振铃判断电路模块,用来实现对电话振铃信号的产生、接收、判断和处理等功能。有关这部分电路的设计,可以采用诸如 LS1240 之类的振铃信号产生器芯片来接收电话线上传送来的 50Hz 振铃信号,控制输出信号的频率和转换速率(借助外部元件),产生频率可控的双音频振铃信号以及对交流振铃信号进行桥式整流等;而采用诸如 4017 这样的八进制计数/分配器芯片来实现对振铃信号的判断和计数。

(2) 语音处理电路

该部分电路的主要功能是将语音信号经过模/数(A/D)转换以后存于存储器中,当需要放音时再从存储器中将语音数据取出,经 D/A 转换后送到放大电路中进行放大输出。为简化硬件电路,可用一片语音芯片来完成这些功能。目前常用的语音处理芯片有数字语音芯片(如 TC8831F 等)和模拟语音芯片(如 ISD3000 系列、ISD4000 系列等)两种。一般只要将选好的语音处理芯片与微机进行直接连接即可完成语音的存储和播放等功能。

(3) 键盘与显示电路

键盘与显示电路的设计在以前的实验中已经介绍过了,它可以利用键盘与显示接口芯片(如 8279)或并行接口芯片(如 8255)来实现键盘和数码管的扫描识别和显示功能。

(4) 警情传感数据采集电路

由于要求完成盗窃、火灾、医疗急救和煤气泄漏等警情的自动报警,因此,实验中需要设计一个对各种警情传感数据进行巡回采集的电路。一旦判明有某种警情发生,则利用自动拨号等电路进行相应的电话报警。

实现这部分电路的关键是选用合适的传感器。对于盗窃报警,可以采用光电感应器或红外探测器等来完成检测功能;对于火灾和煤气报警,可以通过检测温度(或烟雾)和煤气的浓度等来发现险情。急救报警信号则很简单,只需用一个按钮来发出。该报警信号平时并不需要不停顿地检测,但一旦发出又要求及时响应,所以可考虑将它直接接到微机的某根中断请求线上,在对应中断服务程序中对急救信号作出响应。

(5) 遥控电路

遥控电路的设计主要是为了完成远程利用电话来对家用电器进行开关控制的功能。这部分电路可以采用红外遥控或者无线遥控的方式来实现。在实现过程中,需要在系统中装入红外或无线发射器,并将被控设备的开关连接到红外或无线接收器上,这样即可完成对家用电器开关的电话遥控功能。

综上所述,多功能电话服务系统的硬件设计,可以参考图 3.47 所示的硬件结构示意图进行。

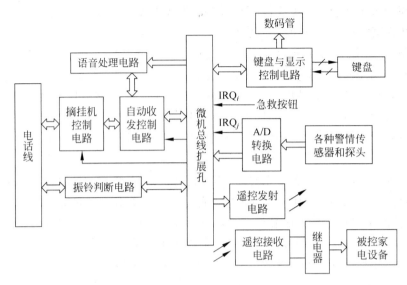

图 3.47　多功能电话服务系统的硬件结构示意图

多功能电话服务系统的软件可由以下三大模块组成:主程序模块、中断服务程序模块和功能子程序模块。

（1）主程序模块

在该模块中,主要完成各种初始化设置和对各种报警信号的采集、处理和判断,并根据判断结果对相应执行机构发出操作控制信号等功能。

（2）中断服务程序模块

该模块包括急救报警和 A/D 转换结束两个中断服务程序。在急救报警中断服务程序中,主要就是做一件事:将急救报警标志置1。为此,在主程序中应相应设置一个急救报警标志,并将该标志清0。这样,当系统在主程序中查询到该标志为 1 时,便通过自动拨号电话向外发出报警信息。

在 A/D 转换结束中断服务程序中,需要将 A/D 转换结果与正常数据进行比较,如果比较值超出设定范围,则表示有险情发生,需要将相应的报警标志置位,以便主程序查询判明后引发相应报警。

（3）功能子程序模块

当主程序对各种状态标志和各种寄存器进行处理和比较后,便可得到一定的判断结果,并根据判断结果调用相应的功能子程序模块。这些功能子程序模块主要包括:留言存储处理子程序、放音子程序、键盘扫描及识别子程序、设置并保存密码子程序、查询摘机信号子程序、查询挂机信号子程序等。

图 3.48 给出了本系统的主程序流程图。有关中断服务程序和各功能子程序的流程图请实验者自行设计编写。

需要注意:在实际系统设计中,考虑到可能有一些外界干扰因素会对防盗检测和各种烟雾、煤气检测装置产生影响,为了尽量避免误报警。应为同一种警情/险情(特别是盗

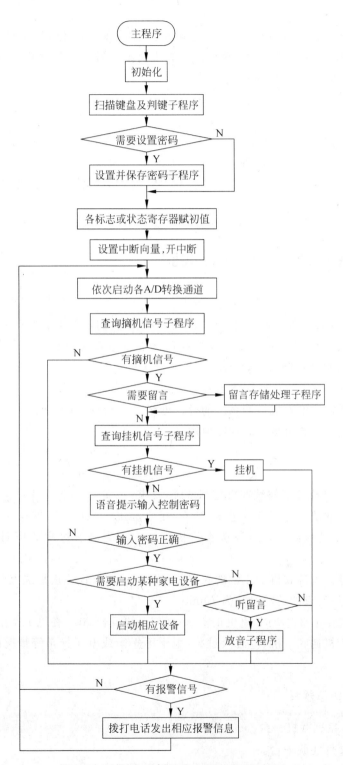

图 3.48 智能电话系统的主程序基本流程图

窃警情)设置多个检测点,当几个检测点都检测到有相应情况发生时,系统才向外发出报警信息。

而在实际的密码设置过程中,为了安全起见,应该在设置之前先查询密码寄存器是否有非 0 数据(即查询原来是否已有密码),如果当前不是第一次设置密码,需要用户先输入原来密码,然后再对原密码进行修改。

6. 思考题目

(1) 为了遥控启/停家电设备,利用红外遥控方式和无线遥控方式在电路设计上有何不同? 各有何优缺点? 画出两种遥控方式的硬件电路图。

(2) 为使用户在万一忘记原设定的控制密码时仍有办法进入系统,系统的软件应如何设计?

3.15 洗衣机控制系统设计实验

1. 实验目的

近几年来,洗衣机尤其是全自动洗衣机已经成了人们日常生活中不可缺少的好帮手。全自动洗衣机又称程控洗衣机,它的主要控制部件就是微处理器。本实验旨在通过用微机实现一个洗衣机的控制系统,使学生:

(1) 了解全自动洗衣机的工作流程。

(2) 掌握微机化洗衣机控制系统的设计思路。

(3) 进一步掌握微机接口芯片的应用。

2. 实验任务

实现一个由微机控制的洗衣机控制系统,要求:

(1) 洗衣机的洗衣过程分为进水、洗衣、排水和甩干几个阶段的操作。其中,正常洗衣需要循环上述过程两次;经济洗衣只执行一次。当洗衣过程结束时发出响铃提示信息。

(2) 由按键设置洗衣机的正常洗衣方式和经济洗衣方式。正常洗衣时的洗衣转动时间为 20min,经济洗衣的转动时间为 10min。

(3) 洗衣机在正常洗衣时,电机正转 20s,停 5s,再反转 20s;在甩干操作时,转动 1min。

(4) 当洗衣机遇到电机、电磁阀过载,甩干不平衡或电压异常等情况时,应发出响铃报警信号。

3. 实验设备与器材

(1) 80x86 系列微机一台。

(2) 微机硬件实验平台。

(3) 定时器/计数器、并行接口、ADC 和 DAC 等接口芯片。

(4) 电机、电磁阀、传感器、键盘、蜂鸣器等。

（5）基本 TTL 电路芯片若干。

4. 实验准备

完成本实验需要 10 学时。实验前要求学生：

（1）了解全自动洗衣机的工作流程及控制机理。

（2）复习定时器/计数器、并行接口、ADC 和 DAC 的接口方法。

（3）根据实验任务和实验思路提示，选择芯片，画出实验的硬件电路连线图。

（4）编写好实验程序。

5. 实验思路提示

一般洗衣机的主要控制功能是靠各种定时操作来完成的，并且需要利用键盘来控制程序的执行，利用传感器来测量水位等。因此，对于电机的开/关和正/反转时间控制以及对于进水、排水阀门的开关时间控制，都可以利用定时操作程序来控制完成。

本系统硬件上主要由以下几部分组成：定时控制电路、洗衣机功能控制电路和数据采集电路，其中：

定时控制电路可以采用定时器/计数器芯片来实现。该电路定时向系统发出中断请求信号。

功能控制电路可以采用并行输出接口加驱动器来实现。根据执行机构的不同性质，有的需要通过 D/A 转换器（甚至变频调速器）驱动，有的则可直接通过驱动电路驱动。以电机、电磁阀为控制对象的输出通道，其驱动器最好应用继电器或光耦器加可控硅来实现，而音响报警器则只需用一个音频"功放"来驱动。另外，洗衣机功能控制所需的初始化数据，可以通过将键盘连接到一并行接口上获得。

数据采集电路：主要由水位传感器和 A/D 转换器组成，目的是获得水位信息，以控制进水、排水过程的结束。在洗衣机中，水位的传感检测一般是由水位的变化通过传动机构带动滑线电位器改变采样电压的大小来实现的。此外，数据采集电路中还包括一些故障（如欠压/过压，排水阀、进水阀、电机过载，甩干不平衡等）敏感电路，它们共享一根中断请求线，出现任一故障时，发出中断请求信号，在中断服务程序中启动报警。

综上所述，本实验系统的硬件结构示意图如图 3.49 所示。

在电机控制电路中，由于电机需要正转和反转两种操作，所以设计时可以采用两个继电器来进行驱动控制，如图 3.50 所示（电路中的 G_1 和 G_2 表示两个继电器）。

在设计洗衣机控制系统的软件时，首先需要设置一些用于记录各种时间的软计数寄存器和记录各种状态的标志，系统将根据这些寄存器和标志的内容判断出洗衣机的下一步工作状态和工作流程。

整个洗衣机控制系统的软件可由主程序、定时中断服务程序、A/D 转换结束中断服务程序和故障中断服务程序等几大模块组成。其中：

在主程序中，首先需要完成整个系统的初始化和各种寄存器赋初值的操作，其中有些是通过键盘来设置的。然后，需要完成对各种时间和状态的判断，发出某种操作的命令。在定时中断服务程序中，需要完成各种计时寄存器的累加计时操作等。可以设计中断源（定时器/计数器）每隔 100ms 发出一次中断请求。

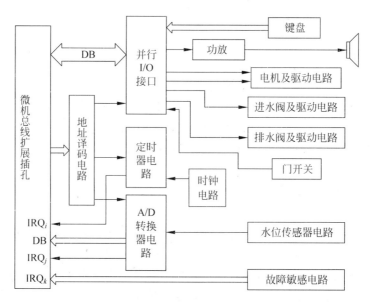

图 3.49 洗衣机控制器系统的硬件总体设计方案

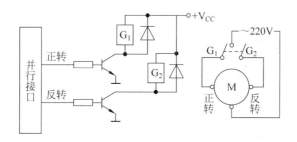

图 3.50 洗衣机电机正反转的驱动电路图

在 A/D 转换结束中断服务程序中,需要读入 A/D 转换结果,并换算为水位,与设定的进水/排水水位相比较,以决定是否关闭进水/排水阀门。

在故障中断服务程序中,需要完成对报警标志置位的功能。当系统遇到电机、电磁阀过载、甩干不平衡或电压异常等情况时,将通过故障传感电路向微机发出中断请求,使微机进入故障中断服务程序,将报警标志置位,以便主程序在检测状态时启动报警装置。

以上各中断服务程序的功能较单一,控制流程自行设计,这里仅给出主程序的流程图如图 3.51 所示,供设计时参考。

还需要注意的是:在设计洗衣机控制系统时应当设置一个暂停键,当它第一次按下时,洗衣机暂停工作;待再次按下时,又从暂停处开始继续原来的工作。为此,宜将该键与系统的一根中断信号线相连,当按键第一次按下时,中断服务程序中要完成对所有现场和断点的保护;而当它第二次按下时,中断服务程序中应将所有现场和断点予以恢复。

6. 思考题目

(1) 如果要求甩干时比清洗时电机以更快的速度转动,应如何修改系统设计?

(2) 实际中如何检测电机、电磁阀是否过载,甩干时是否不平衡,以及电压是否欠压/过压? 这些故障信号接在同一根中断请求线上,如何区别是什么故障?

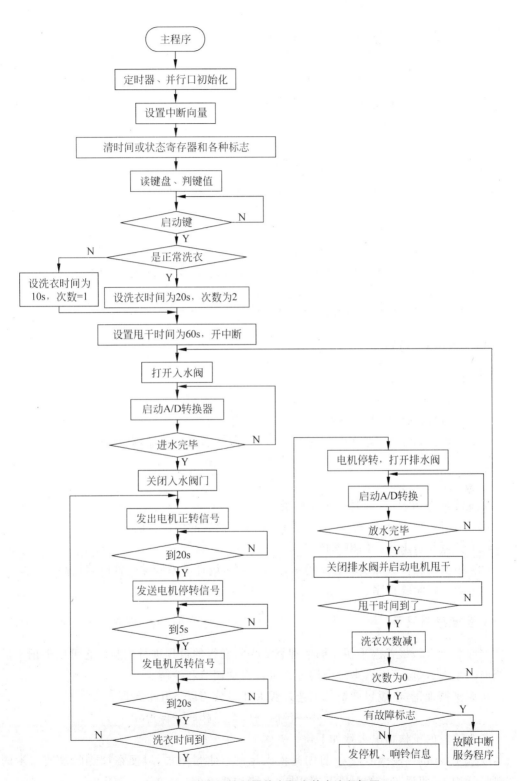

图 3.51　洗衣机控制器的主程序基本流程框图

3.16 智能化电饭煲设计实验

1. 实验目的

随着人们生活水平的不断提高,智能电饭煲已经进入到了平常百姓家。本实验旨在通过设计一个家用电饭煲系统,使学生能够:

(1) 了解电饭煲煮饭的工艺流程及控制机理。

(2) 掌握微机技术在电饭煲控制中的应用方法。

(3) 初步熟悉对电饭煲烹调过程实行模糊控制的概念和推理方法。

2. 实验任务

设计一个微机控制的家用电饭煲系统,要求如下:

(1) 预先设置、定时启动的功能(例如可以设计为 1～8h 后开始启动煮饭)。

(2) 按照一定的控制算法对煮饭过程进行模糊控制。

(3) 具有煮饭、煲汤、煮粥和保温 4 种可选择烹调方式。

3. 实验设备与器材

(1) 80x86 系列微机一台。

(2) 微机硬件实验平台。

(3) 并行接口、定时器/计数器、A/D 转换器芯片。

(4) 温度检测器件、按键开关、发光二极管、固态继电器及加热器件等。

4. 实验准备

完成本实验需要 10 学时。实验前要求学生:

(1) 复习并行接口、定时器/计数器和 A/D 转换器的使用方法。

(2) 预习并写出相关的模糊控制算法。

(3) 根据实验任务和实验思路提示,选择芯片,设计出系统的硬件电路连线图。

(4) 编写好实验程序。

5. 实验思路提示

当今智能电饭煲普遍采用模糊推理算法来对煮饭的过程进行控制。它可以根据米量和当时的室温、水温等因素来对烹调过程进行自动调节和控制。

按照烹调理论,电饭煲煮饭的工艺过程大体可分为以下几个阶段:

吸水→加热→沸腾→焖饭→膨胀→保温

各个阶段的工作情况大致如下:

吸水阶段(也叫浸泡阶段):目的是使大米的含水量增加,以便在加热阶段使大米的加热趋于均匀,使锅与水的温度基本相同,电路功耗较小。

加热阶段:使饭锅的温度与米饭的温度以恒定差值线性上升。该阶段要使用全功率加热。

沸腾阶段：将加热功率稍微减小，使饭的温度保持在100℃左右。当锅的温度因锅底的水分减少而上升至150～170℃时，装在锅底中心的热敏开关将自动断开，以停止加热操作。

焖饭阶段：由于在以上阶段加热已经停止，所以锅底的温度开始下降，当检测到锅底温度降至100℃时再次启动加热设备进行小功率加热，使得米饭表面剩余的水分被蒸发掉，以使整粒米饭的内外含水量相同；当检测到温度再次升到145℃左右时，停止加热，由饭锅内的余热对米饭进行热焖。

膨胀阶段：该阶段是一个使米饭松软的过程。由于整个加热过程已经全部停止，因此在该阶段，米饭和饭锅的温度将逐渐下降，当温度降至100℃时，开始进入保温阶段。

保温阶段：在该阶段中，加热器将以一个很小的功率断续工作，使得米饭的温度一直保持在70℃左右，直至将电源切断（一般情况下，这样的温度条件可使饭在12h内保持良好品质）。

电饭煲控制系统的任务，就是要控制电饭煲按上述工艺过程进行工作。由于米量和饭质在较大范围内的随机变化，对不同的米量和不同的室温、水温，煮饭过程的时间整定和配合有所不同。一般在浸泡阶段通过检测器对温度的变化进行检测，并通过模糊推理推出煮饭量，然后在整个煮饭过程中，按照煮饭量选择最恰当的工艺过程。工艺过程的控制也可采用模糊推理。关于模糊推理的具体算法不是本书介绍的重点，实验者可以参考其他资料以设计出具体的模糊决策和控制算法。

关于电饭煲控制系统的硬件电路的设计可以分为以下几个部分来考虑：

（1）功能输入电路

该部分电路可由3个按键S_1～S_3组成。S_1为烹调的启动/停止键，S_2为工作方式选择键，可以选择煮饭、煲汤、煮粥和保温4种烹调方式，S_3为定时时间设定键，在S_1尚未启动时，可以利用它来设定煮饭的定时时间，该定时时间可以在1～8h范围内选择。对于该部分电路的设计，可以将3个按键开关分别接到微机总线的3根中断请求线上，利用中断服务程序来完成各按键的功能。

（2）数据检测电路

这部分电路也就是对温度的采集电路。由于系统中要求对电饭煲的锅底温度和锅内的水温进行控制，因此可以利用两个传感器（如半导体温敏器件MST102等）加运算放大器和A/D转换器来对这两个温度进行检测。

（3）状态显示电路

该部分电路的设计主要是用来对电饭煲的工作状态进行显示。可以利用5个发光二极管来显示当前的工作状态：用1个红灯表示系统正在工作；用3个黄灯分别表示煮饭、煲汤和煮粥3种工作方式；用1个绿灯表示系统处于保温状态。各状态信号可以通过并行接口来输出。

（4）加热控制电路

对该部分电路的设计，可以通过两个含双向可控硅的固态继电器来驱动两根加热丝完成加热过程。其中一根加热丝为锅底主加热丝，另一根为锅边辅助加热丝。

（5）定时器电路

这部分电路主要是提供定时中断信号，为实现定时启动功能提供时间基准。

综上所述，智能电饭煲的硬件结构示意图如图 3.52 所示。

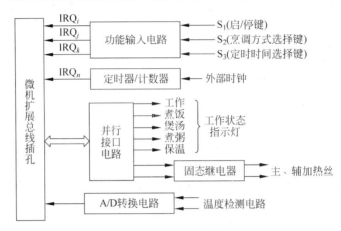

图 3.52　智能电饭煲实验系统硬件结构示意图

基于以上硬件电路的设计和工艺要求，可以将本系统的主程序按照这样几个部分来设计：初始化、判别按键、煮饭量模糊算法、控制数据模糊算法以及对各阶段的控制等。图 3.53 给出了系统的主程序流程图。图中，判别按键的过程就是对各种工作状态标志的识别过程，根据识别结果来判断出系统下一步的工作状态和工作方式。而以上工作状态标志的设置是由按键中断服务程序来完成的。

本系统的中断服务程序包括两种时钟中断服务程序和按键中断服务程序。其中，按键中断服务程序有 3 个，分别对应于 S_1 键、S_2 键和 S_3 键。在每一个按键中断服务程序中，都只需要完成对按键次数的记录和对相应标志的设置。例如：当 S_1 键被第一次按下时，可以将启动标志置 1；而当第 2 次按下时，则将启动标志清 0，而将停止标志置 1。

由于本系统的整个控制过程按烹调工艺过程分为 6 个阶段，所以在经过模糊控制算法设计后，应该得出对该 6 个阶段的温度、温度上升/下降速率和时间等进行最佳控制的各种参数数据。通过按这些参数进行控制，将能够使得米饭的淀粉 α 化程度、还原糖、黏度和口感等达到一个较理想的水平。

如果采用半导体温敏器件 MST102 作为温度传感器，必须将它检测到的温度信号（只有几百毫伏）进行放大，变成 0～5V 的直流电压，才能供 A/D 转换器进行转换。

6. 思考题目

（1）如果系统中的 3 个按键输入信号不是以中断方式输入微机，而是以查询方式输入，硬件、软件设计上应作何修改？

（2）如果预先设置定时启动功能不是按本实验这样，通过预置当时至启动时刻的时间间隔来实现，而是要求直接预置定时启动的时刻，对系统的硬件、软件设计有什么影响？

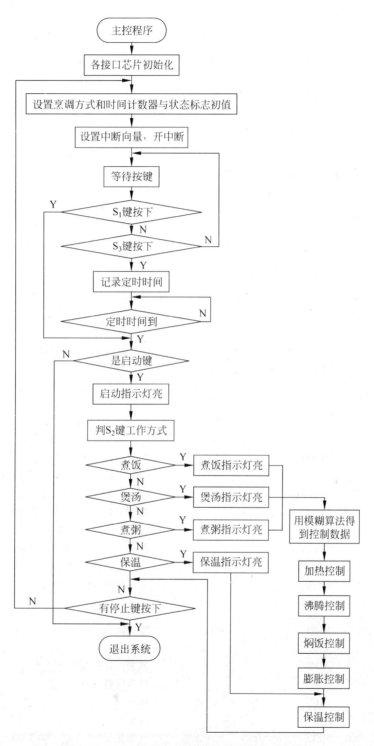

图 3.53 电饭煲控制系统的主程序结构设计框图

附录

附录 A　80x86 指令系统表

指令类别	指　令	功　能
数据传送指令	MOV	传送
	XCHG	交换
	IN	字节或字输入
	OUT	字节或字输出
	LEA	装入有效地址
	LDS	指针装入 DS 段寄存器
	LES	指针装入 ES 段寄存器
	LFS	指针装入 FS 段寄存器
	LGS	指针装入 GS 段寄存器
	LSS	指针装入 SS 段寄存器
	XLAT	完成一个字节的查表转换
	PUSH	将操作数压栈
	POP	将操作数弹出栈
	PUSHA	将全部 16 位通用寄存器压栈
	PUSHAD	将全部 32 位通用寄存器压栈
	POPA	将全部通用寄存器弹出栈
	POPAD	将全部 32 位通用寄存器弹出栈
	MOVSX	带符号扩展传送
	MOVZX	带零扩展传送
	BSWAP	字节交换
算术运算指令	ADD	整数加法
	SUB	整数减法
	ADC	带进位整数加法
	SBB	整借位整数减法
	INC	加 1
	DEC	减 1
	NEG	整数变反
	CMP	比较
	CMPXCHG	比较并交换

续表

指令类别	指　令	功　能
逻辑运算与 移位指令	MUL	无符号数乘法
	IMUL	有符号乘法
	DIV	无符号除法
	IDIV	有符号除法
	AAA	未组合 BCD 码加后调整
	AAS	未组合 BCD 码减后调整
	AAM	未组合 BCD 码乘后调整
	AAD	未组合 BCD 码除前调整
	DAA	组合 BCD 码加后调整
	DAS	组合 BCD 码减后调整
	CBW	将字节带符号扩展成字,存于 AX 中
	CWD	将字带符号扩展成双字,存于 DX：AX 中
	CWDE	将字带符号扩展为双字,存于 EAX 中
	CDQ	将双字带符号扩展为 64 位,存于 EDX：EAX
	AND	逻辑"与"
	OR	逻辑"或"
	XOR	逻辑"异或"
	NOT	逻辑"非"
	TEST	测试、逻辑比较
	SAL	算术左移
	SHL	逻辑左移
	SAR	算术右移
	SHR	逻辑右移
	SHLD	双精度左移
	SHRD	双精度右移
	ROL	循环左移
	ROR	循环右移
	RCL	经进位循环左移
	RCR	经进位循环右移
串操作 指令	MOVS	字节/字/双字串传送
	MOVSB	字节串传送
	MOVSW	字串传送
	MOVSD	双字串传送
	LODS	字节/字/双字串装入
	LODSB	字节串装入
	LODSW	字串装入
	LODSD	双字串装入
	STOS	字节/字/双字串存储
	STOSB	字节串存储
	STOSW	字串存储

续表

指令类别	指　　令	功　　能
串操作 指令	STOSD	双字串存储
	CMPS	字节/字/双字串比较
	CMPSB	字节串比较
	CMPSW	字串比较
	CMPSD	双字串比较
	SCAS	字节/字/双字串扫描
	SCASB	字节串扫描
	SCASW	字串扫描
	SCASD	双字串扫描
	INSB	字节串输入
	INSW	字串输入
	INSD	双字串输入
	OUTSB	字节串输出
	OUTSW	字串输出
	OUTSD	双字串输出
	REP	当 ECX 不为零时重复
	REPZ/REPE	相等时重复(ECX≠0 且 ZF=1 时重复)
	REPNZ/REPNE	不相等时重复(ECX≠0 且 ZF=0 时重复)
位操作 指令	BT	位测试
	BTS	位测试并置 1
	BTR	位测试并置 0
	BTC	位测试并求补
	BSF	向前位扫描
	BSR	向后位扫描
控制转移 指令	MP	无条件转移
	CALL	调用过程(子程序)
	RET	从过程返回
	J(19 条)	根据条件 CC 转移
	LOOP	ECX 不为零时循环
	LOOPE/LOOPZ	ECX≠0 且 ZF=1 时循环
	LOOPNE/LOOPNZ	ECX≠0 且 ZF=0 时循环
	JCXZ	ECX=0 时循环
	INT　n	软件中断
	INTO	溢出中断
	IRET	从中断返回

指令类别	指　　令	功　　能
标志操作指令	LAHF	读标志寄存器
	SAHF	写标志寄存器
	PUSHF	将标志寄存器低 16 位压栈
	PUSHFD	将 32 位标志寄存器全部压栈
	POPF	将标志寄存器低 16 位弹出栈
	POPFD	将 32 位标志寄存器弹出栈
	CLC	清进位标志
	STC	置进位标志
	CMC	进位标志取反
	CLD	清方向标志
	STD	置方向标志
	CLI	清中断允许标志
	STI	置中断允许标志
按条件设置字节指令	SET_{CC}（16 条）	根据条件 CC 置字节为 01H 或 00H
处理器控制指令	HLT	处理器暂停
	WAIT	处理器等待
	ESC	处理器脱离
	LOCK	总线锁定前缀
	NOP	空操作
高级语言指令	BOUND	数组边界检查
	ENTER	进入过程
	LEAVE	退出过程
操作系统型指令	（16 条）	系统寄存器存取
	（6 条）	保护属性检查
cache 管理指令	INVD	作废片内 cache
	WBINVD	写回和作废 cache
	INVLPG	使 TLB 中某一项作废
数字处理指令		包括数据传送、算术运算、比较、超越函数、装常数、FPU 控制等功能的指令

附录 B　系统中断

级　　别	功　　能	在 MS-DOS 下的中断向量号
微处理器的 NMI	奇偶校验或 I/O 通道校验	
中断控制器 CTLR1　　　CTLR2 IRQ_0	系统定时器输出	08H

续表

级　　别		功　　能	在 MS-DOS 下的中断向量号
微处理器的 NMI		奇偶校验或 I/O 通道校验	
IRQ_1		键盘输出缓冲器满	09H
IRQ_2		从 CTLR2 来的中断（级联）	0AH
	IRQ_8	实时时钟	70H
	IRQ_9	软件重定向倒 INT0AH（IRQ_2）	71H
	IRQ_{10}	保留	72H
	IRQ_{11}	保留	73H
	IRQ_{12}	保留	74H
	IRQ_{13}	协处理器	75H
	IRQ_{14}	硬盘控制器	76H
	IRQ_{15}	保留	77H
IRQ_3		串行口 2	0BH
IRQ_4		串行口 1	0CH
IRQ_5		并行口 2	0DH
IRQ_6		软盘控制器	0EH
IRQ_7		并行口 1	0FH

附录 C　ASCII 码表及控制符号定义

低位　＼　高位	000	001	010	011	100	101	110	111
0000	NUL	DLE	SP	0	@	P	`	p
0001	SOH	DC_1	!	1	A	Q	a	q
0010	STX	DC	"	2	B	R	b	r
0011	ETX	DC	#	3	C	S	c	s
0100	EOT	DC	$	4	D	T	d	t
0101	ENQ	NAK	%	5	E	U	e	u
0110	ACK	SYN	&.	6	F	V	f	v
0111	BEL	ETB	'or'	7	G	W	g	w
1000	BS	CAN	(	8	H	X	h	x
1001	HT	EM	)	9	I	Y	I	y
1010	LF	SUB	*	:	J	Z	j	z
1011	VT	ESC	+	;	K	[	k	{
1100	FF	FS	'	<	L	\	l	/
1101	CR	GS	—	=	M	]	m	}
1110	SO	RS	•	>	N	ˆ	n	~
1111	SI	US	/	?	O	—	o	DEL

参 考 文 献

[1]　邹逢兴,陈立刚.计算机硬件技术基础.第二版.北京:高等教育出版社,2005

[2]　邹逢兴,陈立刚等.计算机硬件技术基础教与学指南.北京:高等教育出版社,2005

[3]　邹逢兴,陈立刚等.微型计算机原理与接口技术.北京:清华大学出版社,2007

[4]　邹逢兴等.计算机硬件技术基础实验教程.北京:高等教育出版社,2000

[5]　韩雁,徐煜明等.微机原理与接口技术.北京:电子工业出版社,2005

教师反馈表

感谢您购买本书！清华大学出版社计算机与信息分社专心致力于为广大院校电子信息类及相关专业师生提供优质的教学用书及辅助教学资源。

我们十分重视对广大教师的服务，如果您确认将本书作为指定教材，请您务必填好以下表格并经系主任签字盖章后寄回我们的联系地址，我们将免费向您提供有关本书的其他教学资源。

您需要教辅的教材：	
您的姓名：	
院系：	
院/校：	
您所教的课程名称：	
学生人数/所在年级：	_____人/　1　2　3　4　硕士　博士
学时/学期	_____学时/_____学期
您目前采用的教材：	作者：_____ 书名：_____ 出版社：_____
您准备何时用此书授课：	
通信地址：	
邮政编码：	联系电话
E-mail：	
您对本书的意见/建议：	系主任签字 盖章

我们的联系地址：

清华大学出版社　学研大厦 A602，A604 室

邮编：100084

Tel：010-62770175-4409，3208

Fax：010-62770278

E-mail：liuli@tup.tsinghua.edu.cn；hanbh@tup.tsinghua.edu.cn